호기헌 (루피)

- 저자 약력

단국대학교 사학과 졸업
2011년 영어 관광통역안내사 자격증 취득

- 주요 경력

現) 영어 관광통역안내사
現) 세종관광통역가이드학원 영어 면접반 강사
現) 서울디지털대학교 교양학부 비전임 강사

前) 가이드협동조합 이사장
前) 신화관광학원 영어 면접반 강사

- 투어 경력

프란치스코 교황 방한 기자단 수행
국제에너지기구 사무총장 서울시내 투어 진행
배우 '틸다 스윈턴' 방한 의전 수행
보훈처 주관 정전 60주년 기념 장관단 의전 수행
분노의 질주 배우팀 서울시내 투어 진행
스탠포드, 모니쉬 대학원 MBA Global Business Trip
삼성, LG, 현대, 두산 등 국내 대기업 다수 Business Trip 등

들어가는 말

"루피, 한국의 지하철은 어떻게 이렇게 깨끗해? 정말 놀라워."
"루피, 지하철에서 진짜 와이파이가 잡혀. 너무 신기하지 않아?"

몇 해 전, 저와 함께 8일 동안 한국을 여행하던 영국 60대 부부 지니와 스티브가 연신 제 이름을 부르면서 아이처럼 말합니다. 여행 정보 사이트인 트립어드바이저에 한국에서 반드시 체험해 봐야 하는 곳 중 하나로 지하철이 올라와 있었다며 꼭 타봐야 한다고 말해 추가된 일정이었습니다. 지하철에서 무료 와이파이가 잡힌다는 후기가 가장 인상적이었다며 아내인 지니는 연신 와이파이가 잡히는 것에 신기해하고 있었습니다. 남편인 스티브는 한국전쟁 다큐멘터리를 보고 한국을 처음 알게 됐다고 했습니다. 한국은 처음 방문하지만 본인이 상상했던 한국과는 너무 다른 깨끗하고 깔끔한 모습이 인상적이라 놀랐다고 합니다. 늘 이런 지하철을 타고 다닌 저에게는 신기할 것 하나 없는 풍경이 지구 반대편에서 온 여행자에게는 신선한 경험을 선물했나 보네요.

저는 루피라는 이름으로 활동하고 있는 14년차 관광통역안내사입니다. 관광통역안내사는 한국을 방문하는 외국인 여행자에게 한국의 매력을 소개하는 직업입니다. 주로 영어, 일본어, 중국어를 포함해 베트남어, 인도네시아어, 아랍어, 스페인어, 독일어 등 다양한 언어로 시험에 응시할 수 있고, 합격한 뒤에는 외국인에게 한국을 안내하는 자격이 부여됩니다. 저는 영어 가이드로 활동하는 동안 전 세계 120개국 이상의 나라에서 오신 8천여 명의 외국인에게 한국을 소개했고 덕분에 프란치스코 교황님(도 가까이서 뵙고), 국제에너지기구 사무총장님, 할리우드 배우들과도 함께 할 수 있는 기회를 얻게 되었습니다.

제가 일을 막 시작하던 2011년만 하더라도 방한 외국인 수가 천만 명이 채 되지 않았습니다. 지금은 한류라는 이름으로 한국을 설명할 수 있는 수식어가 많지만 그때만 하더라도(라떼 죄송^^;;) 다른 아시아 국가에 비해 한국이 아주 매력적인 여행지는 아니었던 거 같습니다. 세계를 미사일로 위협하는 북한과 함께 사는 용감한(?) 나라 정도로 알려져 있었을까요? 그 뒤로 제가 일하는 10년 동안 우리나라를 방문하는 외국인은 국적, 목적, 규모, 체류 기간 모든 것이 비교할 수 없을 정도로 많이 달라졌음을 체감하고 있습니다.

"루피, 내가 올해 64살인데 눈을 보는 건 오늘이 처음이야"

사계절이 축복이라는 것도 이 직업을 통해 알게 되었습니다. 아들 내외, 손자와 함께 한국을 방문한 말레이시아에서 오신 압둘이라는 할아버지가 마침 경복궁에서 내리는 눈을 한참 올려다보시더니 제게 건넨 말이었습니다. 손자 손녀에게 겨울을 체험하게 해주고 싶었다며 선택한 나라가 한국이었습니다. 가이드를 한지 얼마 되지 않았을 때라 순간 저는 흠칫 놀랐습니다. 그리고 생각했습니다. '아 맞다! 말레이시아는 겨울이 없지?' 우리나라를 방문하는 외국인 여행자의 상당수가 봄과 가을에 입국하는데 특히 동남아시아에서 한국의 봄과 가을을 만끽하기 위해 방한합니다. 봄에는 꽃이 피고, 가을에는 단풍이 지고, 겨울에는 눈 덮인 설경을 보는 것이 우리에게는 너무나 자연스러운 '일상'인데, 누군가에게는 시간과 비용을 내야 '경험'할 수 있는 것임을 알게 됐습니다.

이 시험을 준비하는 과정에서 여러분은 두 가지를 배우게 됩니다.
관광통역안내사라는 분야는 영어가 그 목적이기보다 한국을 나의 방식으로 표현하는 여러 가지 중 하나의 수단입니다. 따라서 한국에 대한 기본 지식이 없다면 영어를 아무리 잘 한다고 하더라도 상대방에게 나의 의사를 전달할 수 없습니다. 그래서 우리는 이 과정을 통해 영어가 아닌 한국을 배우게 될 것입니다.
특히 영어라는 언어의 특성상 하나의 특정 국가가 아닌 세계 각국에서 방한하는 외국인을 만나기 때문에 나의 지식을 뽐내기보다 철저히 상대방이 듣고 싶어하고 또 보고자 하는 이야기를 전달해야 한다는 것 또한 배우게 될 것입니다.

저는 2015년부터 지금까지 관광통역안내사를 양성하는 학원에서 영어면접반 강사로도 활동하고 있습니다. 누구보다 새로운 분야로 첫 발을 내딛는 분들의 마음을 이해하고 지금도 늘 함께하고 있습니다. 이 교재는 제가 공부했던 자료를 시작으로 지난 10여 년간 예비 관광통역안내사분들과(이제는 어엿한 경력 관광통역안내사지만) 함께 공부했던 내용들을 담아 만들었습니다.아직은 많이 부족하지만 저는 진심을 담아 이 책을 만들었습니다.

관광통역은 한국에 대한 진심을 담은 상당한 분들이 일을 하고 있는 멋진 분야입니다. 아마 이 책을 펼친 누군가는 관광통역안내사를 취미나 스펙을 목적으로 접하셨을 수도 있고, 또 누군가는 간절한 마음을 담아 펼치셨을 겁니다. 동기가 무엇이든 이 공부를 통해 넓은 세상을 마주해 보셨으면 합니다.

어느 곳에서 어떤 방식으로 공부를 하던 각자의 취향과 편의에 맞게 하시면 됩니다. 다만 관광통역안내사를 취득하는 과정에서 여러분들이 단순하게 자격증 취득이라는 단기 목표뿐 아니라 외국인에게 진정한 대한민국을 소개하고 싶어 했던 저 마음속 깊은 곳에 자리 잡은 그 꿈을 잊지 마시고 저와 함께 멈추지 않고 끝까지 한걸음 나아 갔으면 합니다.

마지막으로 책이 완성되기까지 감수를 도와준 박지성, 조연아, 조한진, 홍희영님께 깊은 감사의 말씀드립니다.
감사합니다. 또한 이 책의 디자인을 맡아 준 고여울님께도 깊은 감사함을 전합니다. 감사합니다.

합격 후기

- **박OO (20대, 2023년 자격증 취득)**

예비 관통사를 위한 필수 교재!
면접 준비를 할 때 가장 어려웠던 점은 방대한 양의 콘텐츠를 제한된 분량으로 정리하고 암기해야 하는 부분이었습니다. 그러나 이 책에 담긴 선생님의 아낌없는 노하우를통해 면접 준비를 훨씬 수월하게 할 수 있었고, 면접 합격도 무리 없이 이루어 낼 수 있었습니다. 지금은 실제 현장에서도 활용되고 있을 정도로 매우 유익하고 훌륭한 교재입니다.

- **정OO (50대, 2023년 자격증 취득)**

역사, 관광자원, 면접 등 광범위한 주제에 대해 교재 안의 예문들을 익히며 개념을 파악하였고, 키워드를 연상하며 자기만의 답변을 구성하는 연습은 큰 도움이 되었습니다. 이렇게 스크리닝하듯 차곡차곡 익혀둔 정보가, 실제 시험장에서도 머릿속에 자연스럽게 연상돼서, 좋은 결과를 얻을 수 있게 되었습니다

- **황OO (60대, 2023년 자격증 취득)**

최고의 면접 합격률을 자랑하는 선생님의 노하우가 담긴 책 !!!
세종관광 통역가이드 학원의 대표강사 선생님의 강의를 들으면서 공부한 이 책은 모법 답안뿐만 아니라 답안 구성을 준비하는 방법과 주의사항을 알려줍니다. 따라서 자기만의 고유하고 경쟁력 있는 면접 내용을 준비할 수 있어서 저는 면접에서 높은 점수를 받을 수 있었습니다. 이것이 이 책의 가장 큰 장점이라고 생각합니다. 저는 가이드 활동을 하면서도 아직도 이 책을 참고하고 있습니다. 자격증을 획득한 이후에도 지속적으로 활용할 수 있는 가치가 있는 책입니다.

시험 절차

01 시험 절차

02 시험 일정 및 시간

- 일정: 11월 15-16일(토요일 또는 일요일 하루 배정)
- 시간: (오전) 8시 30분 / 10시
  (오후) 12시 30분 / 2시 / (3시 30분)

03 복장

- 단정한 면접 복장과 용모
- 복장: 정장 또는 비즈니스 캐쥬얼
  - 남성: 구두 착용, 면바지&셔츠 가능
  - 여성: 바지, 치마 모두 가능
- 헤어스타일 또한 단정하게 준비
- 너무 화려한 넥타이 또는 장신구는 피함
- 특정인임을 알 수 있는 모든 의복 (유니폼, 군복, 교복 등) 착용 불가

04 면접장소

- 중/고등학교 또는 산업인력관리공단

05 면접관 구성

공공기관

한국관광공사
문화체육관광부

학계

영문과 교수님
관광학과 교수님

업계

관광통역안내사
여행사 임직원

06 시험 시간 및 출제 문제

- 시험시간: 10분 이내
- 출제 문제 수: 3~5문제(지역별로 상이)
- 문제 유형: 영어 문제(2~4문제) + 한국어 문제(1문제)
- 시험 장소나 언어와 무관하게 동일 시간대에는 동일한 문제가 출제되나 서울 외 지역의 경우 동일하지 않은 문제가 출제될 수도 있음

면접 순서

'1차 전체 대기실'에서 시간대 관계없이 대기

해당 시간 수험자들은 지시에 따라 '2차 대기실'로 이동

핸드폰 수거 및 제비 뽑기로 면접 순서 결정

제비 뽑기 후 대기, 관계자가 번호를 부르면 면접장 문 앞에서 본인의 순서를 기다림

입실 전 소지품은 그 자리에 모두 두고 입장(고사장에 따라 유동적)

입실: 똑똑똑 세 번 노크 → 목례(생략 가능) → 문 닫고 → 의자 옆에 서서 정식 인사 → 앉기

당당한 자세로 면접 진행

퇴실: 일어서서 인사(마지막 인상 남기기) → 문 닫고 퇴실

답변 구성 요령

01 한 문제당 답변 시간은 2분 내외로 준비합니다.

1인당 시험 시간은 10분이고, 3문제 출제 질문과 답변을 하는 시간을 감안했을 때 2분 내외로 답변을 준비하는 것이 적절합니다. 아무리 좋은 내용이라고 할지라도 2분 이상은 집중해서 듣기가 어렵고, 짧을 경우 자칫 준비되지 않은 모습으로 비칠 수 있습니다. 반대로 짧은 답변이라고 할지라도 최대한 성실한 답변으로 들릴 수 있도록 짧게 끝내지 않도록 주의합니다.

02 알아듣기 쉽고 간결하게 준비합니다.

단순히 답변을 하는 자리가 아니라 내 지식을 상대방이 잘 알아들을 수 있도록 전달하는 것이 핵심입니다. 면접관이 한국인이기 때문에 그들이 알아들을 수 있는 단어와 문장으로 영어를 표현해야 합니다. 내용의 경우 기승전결 또는 서론-본론-결론의 형식으로 간결하게 구성합니다.

03 우선 한국어로 준비합니다.

답변은 우선 한국어로 정리가 되어 있어야 합니다. 분량이 방대한 시험이므로 전부 외워서 말할 수 없습니다. 먼저 한국어로 무엇을 이야기해야 하는지 키워드가 기억나야 영어로도 답변할 수 있습니다.

04 검색에 지나친 시간을 허비하지 않도록 합니다.

공부를 위해 검색을 하다 보면 결국 2~3시간이 지나도 계속 검색만 하고 있는 자신을 발견하게 됩니다. 유창성(fluency)은 반복 연습으로 훈련되는 부분이지, 검색으로는 절대 훈련되지 않습니다. 배경을 위한 정보 정도만 검색하셔도 충분합니다.

05 관광과 관련된 시험이라는 사실을 명심하세요.

자칫 영어라는 틀에 갇혀 우리가 준비하는 시험이 마치 영어 시험이나 역사 시험인 것처럼 착각할 수 있습니다. 분명히 말씀드리지만 영어와 역사도 중요하지만 이 시험은 관광을 위한 시험이라는 사실을 잊지 마시고, 주제가 어떤 관광자원으로 활용되는지 또는 관광적으로는 어떤 의미가 있는 것인지를 우선 생각해 보시기 바랍니다.

06 질문에 대한 답변을 우선 말한 뒤 부연 설명을 해 주세요.

당연한 이야기로 들리실 수 있지만 막상 준비된 내용의 순서를 순발력 있게 바꾸는 일은 그리 간단하지 않을 수 있습니다. 따라서 질문에 대한 답변을 우선 말한 뒤 부연 설명을 해 주세요. 가령, '종묘가 유네스코 유산으로 지정된 연도에 대해 알고 계시나요?'라는 질문을 받았을 경우 종묘를 한참 설명한 다음 마지막에 지정 연도를 말하는 것보다는 지정 연도를 우선 답변한 뒤 준비한 종묘에 대해 부연 설명하는 방식입니다.

수험자 FAQ

Q1 인사는 목례만 해도 괜찮을까요?

관광통역안내사 면접에서 가장 중요하게 평가하는 항목 중 하나가 바로 자세와 태도입니다. 인사와 걸음걸이만 봐도 준비가 어느 정도 되었는지 알 수 있을 정도로 수험자의 자신감과 진정성이 태도로 표현됩니다. 인사는 목례보다는 가급적 허리를 굽혀 하시는 것을 권해드려요.

Q2 인사는 한국어와 외국어 중 어떤 언어로 하는 것이 좋을까요?

어떤 언어로 하셔도 관계없습니다. 단, 인사에서 밝은 느낌을 줘야 한다는 것과 짧고 간결한 인사가 좋다는 말씀을 드리고 싶네요.

Q3 손이나 몸짓 등 제스처를 사용해도 괜찮을까요?

과도하지 않은 정도의 제스처는 적극적으로 사용을 권장해 드립니다. 언어 스타일에 따라 일본어와 중국어는 두 손을 모으고 단정하게 말하는 경우가 대부분이지만 영어의 경우는 상체 범위 내에서 손을 움직이는 정도는 한층 부드럽게 말하는 인상을 줄 수 있습니다.

Q4 답변 시 누구를 보면서 말해야 하나요?

질문은 면접관이 순서대로 하거나 한 명의 면접관만 질문을 하는 등 상황에 따라 다를 수 있습니다. 질문의 형식과 관계없이 세 명의 면접관이 모두 수험자의 답변을 듣고 있으므로 시선은 골고루 마주치는 것을 권해 드립니다. 보통 질문한 분을 40%, 다른 두 분을 각 30%씩 쳐다보고 말하는 연습이 필요합니다.

Q5 질문을 한 번에 알아듣지 못할 경우는 어떻게 해야 하나요?

면접은 당당한 태도로 임하는 것이 중요합니다. 긴장하면 면접관의 질문질문이 잘 들리지 않을 수 있습니다. 다시 물어보는 것은 잘못이 아니니 당당하게 한 번 더 질문해 달라고 요청하세요. 단, 외국어의 경우 평소에 재요청 질문을 연습하지 않으면 현장에서 즉각적으로 대응하기는 어려울 수 있으므로 평소 자주 연습해 두세요.

Q6 답변 중 특정 단어가 생각이 나지 않을 때 어떻게 해야 하나요?

답변을 하다 보면 하나의 영어 단어가 생각나지 않아 뒷부분 전체로 나아가지 못하는 경우가 있습니다. 대부분 수험자는 영어 단어를 떠올리려고 애쓰다 결국 민망함에 답을 포기하시더라고요. 생각이 나지 않는다면 일단 해당 단어는 한국어로 말해 넘기고, 이후 문장을 다시 영어로 이어 나가는 임기응변이 필요합니다. 이렇게 포기하는 문제는 집에 돌아와 억울함에 이불킥하게 만들 수 있습니다.

Q7 모르는 문제는 그냥 모른다고 대답하는 것이 좋을까요?

모른다고 중간에 답변하기를 포기하는 자세가 가장 좋지 않은 태도입니다. 정확한 답도 중요하지만 최대한 아는 지식을 활용해 노력하는 모습이 더욱 중요합니다.
(면접관이 외국인 관광객이 물어봐도 그렇게 모른다고 답변하실 거예요??? 라는 생각이 들지 않도록)

- 아는 문제가 나오면 → 천천히 밝은 표정으로 대답
- 전혀 모르는 문제가 나오면 → '죄송합니다. 공부를 못한 부분인데 면접 후 꼭 확인해 보겠습니다.'
- 잘 생각이 나지 않을 때 → '죄송합니다. 지금 긴장이 돼서 생각이 나지 않지만 꼭 확인해 보겠습니다.'

그리고 가장 중요한 것!! 혹시 답변할 수 없는 모르는 문제를 받았다면 과감하게 머리에서 지우고, 다음 문제에 집중하세요.

Q8 답변 끝에 뭐라고 끝을 맺어야 하나요?

답변이 끝나면 내 대답이 끝났음을 말해주는 표현을 해 주세요. 각 언어에 해당하는 적당한 끝맺음을 말씀해 주셔야 면접관이 다음 문제를 출제할 수 있습니다.

- 한국어: 감사합니다 또는 이상입니다 등
- 영어: Thank you 또는 Thank you for your listening 등

Q9 너무 긴장이 되는데 긴장을 낮출 수 있는 방법이 있을까요?

죄송하지만 없습니다. ^^;; 시중에 판매하는 긴장 완화제를 드시는 분도 계시고, 심한 경우 의사에게 처방받은 약을 복용하는 경우도 있습니다. 소주 한 잔 마시고 들어가는 분도 있습니다만 결국 후회 없이 답하고 나온다는 마음가짐을 가지는 것이 특효약일 것 같네요.

목차

다. 세계기록유산

라. 세계인류무형유산

다. 관광 정책

01

관광통역안내사 일반

01

관광통역안내사 일반

학습 내용 및 목표

본 단원에서는 **관광통역안내사로서 갖춰야 할 기본 소양**에 대해 학습합니다. 관광통역안내사 지원 동기 및 사명감 등 **관광통역안내사로서의 진정성을 확인**할 수 있는 질문으로써 시험에 임하는 자세 및 태도에 대해 전반적으로 점검할 수 있도록 합니다.

준비 방향

제시한 답변을 참고해 면접자 스스로의 상황을 반영한 **맞춤형 답변**을 준비하세요. 다만 개인적인 내용은 자칫 장황해질 수 있으니 질문의 의도에 맞춘 **간결한 답변**으로 구성해 보시기 바랍니다. 내용도 물론 중요하지만 무엇보다 시험에 **합격하고자 하는 개인의 의지**가 잘 드러날 수 있도록 표현하는 것이 중요합니다.

출제 빈도: ★★★★★　중요도: ★★★★★

대부분의 질문이 매년 출제되고 있어 **출제 빈도가 아주 높으며,** 관광통역안내사로서의 자질과 사명감을 확인할 수 있는 문제들로 **중요도 또한 높은 주제**입니다. 특히 관광통역안내사가 되기 위한 준비된 자세와 인상을 줄 수 있도록 **자신감 있게 말하는 것**이 중요합니다.

Note

01 자기소개/관광통역안내사 지원 동기 ★매년 출제★

이렇게 준비하세요!

- 구성 요령
  - » **전반부)** 계기와 결심: 장황하지 않도록 준비
  - » **후반부)** 노력과 의지: 노력과 의지를 강조해서 표현
- 단순한 계기와 결심 뿐 아니라 본인의 노력까지 언급해 주세요.
- 면접자의 현재 상황에 맞는 답변을 구성하세요.
- 면접자 본인의 강한 합격 의지가 나타나도록 어떤 문제보다 자신 있게 준비합니다.

이런 점에 주의하세요!

- 자기소개란 '관광통역안내사 지원 동기'를 묻는 문제입니다. 개인사는 언급하지 않습니다.
  - Ex. 저는 3남 중 막내로 서울에서 태어났고, 000 대학교를 나왔습니다 등
- 본인의 이름, 나이, 학교, 회사 등 채점에 작용을 미칠 수 있는 민감한 정보는 언급하지 않습니다.
  - Ex. 저는 삼성엔지니어링에서 10년간 근무했는데 가이드가 되고 싶습니다 등
- 단, 직업적 배경이 관광통역사 지원 동기와 관련이 있다면 언급할 수 있습니다.
  - Ex. 저는 오랜 해외 영업 업무를 통해 외국인 바이어를 만날 기회가 많았고, 한국을 안내하면서 자연스럽게 이 분야에 관심을 가지게 되었습니다 등

그 외에도 이렇게 구성할 수 있습니다.

- 관광 분야 내 '특정 목적(취업, 사업, 콘텐츠 기획 등)을 위해 취득' 하는 경우
  - Ex. 저는 운동을 좋아해 운동과 여행을 결합한 프로그램을 만들어 스타트업을 운영하고 싶습니다 등
- 관광 분야 종사자로 '현재 하고 있는 관광 관련 업무를 확장하고자'하는 경우
  - Ex. 저는 현재 여행사에서 오퍼레이터로 근무하고 있으나 가이드 업무를 하고 싶어 지원하게 되었습니다 등

답변 예시

- 본인의 경험을 통한 지원 계기

» I had the opportunity to explain Korea to my customers on a business trip.

» I have been working in the travel agency/medical field for more than 20 years.

» I am interested in coffee and regularly visit coffee-related facilities every week.

» A guide helped me in a difficult situation when traveling overseas.

» I was impressed by the guide I met when I visited Canada.

- 결심

» I was ashamed that I didn't know much about Korea. That's why I wanted to be a tourist guide.

» I was very proud that I told them about Korea with passion. That makes me decide to be a tourist guide.

» I want to make a coffee trip for tourists representing why coffee is so popular in Korea.

- 관광통역사가 되기 위해 기울인 노력(p.26 참고)

» Study English and extensive knowledge of Korea

» Search for information about the tourism industry and meet people

» Volunteer work as an interpreter or guide in a museum

» Explore tourist attractions that I studied

- 의지

» I think I am the right(good) person to be a tourist guide.

» I know I am not perfect now to be a tourist guide, but I am willing to do so.

예제) 관광통역안내사가 되고자 하는 지원 동기가 무엇인지 작성해 보세요.

02 관광통역안내사의 자격조건 및 자질/본인의 장점 ★매년 출제★

이렇게 준비하세요!

- 구성 요령
  - » **자격 조건)** 자격 조건 + 해당 조건이 면접자의 장점임을 표현
  - » **장점 및 자질)** 관광통역안내사로서 면접자 본인의 장점 표현
- 아래 제시한 여러 자격 조건 중 면접자 본인의 장점과 부합하는 조건 2~3가지를 선택합니다.
- 선택한 자격 조건 또는 장점을 첫 문장에서 우선 언급한 뒤 부연 설명하는 방식으로 구성합니다.

  Ex. 다양한 자격 조건이 필요하지만 저는 그중에서 외국어와 의사소통 능력이 중요하다고 생각합니다. 그 이유는~~~

자격 조건 및 장점 예시

- 한국에 대한 지식: extensive knowledge of Korea and Korean culture
- 외국어: language ability, sensibility, fluent
- 관광에 대한 정보와 트렌드: information and trends about tourism
- 의사소통: communication skill, humanism interaction
- 서비스 마인드: service mind, kindness, smile, polite, helpful, friendly, outgoing, nice
- 문제해결능력: problem solving ability, finding solution
- 리더십: leadership, initiative
- 유머감각: sense of humor
- 체력: physical ability, physically fit, exercise
- 열정: passionate, enthusiastic
- 노력: volunteer in the museum, amateur guide work
- 다양한 경험: career experience, life skill

답변 예시

관광통역안내사가 되기 위해서는 다양한 자격이 필요하다고 생각합니다. 그중에서도 저는 **의사소통 능력과 유머감각**이 무엇보다 중요하다고 생각합니다.

1) 첫 번째 **의사소통 능력**은 000 면에서 중요하기 때문에 가장 필요한 조건입니다.

2) 두 번째 **유머감각 능력**은 000 면에서 중요하다고 생각합니다.

저는 ~~~ 경험으로 인해 **이 두 가지 능력을 갖추고 있습니다.**

아직은 많이 부족하지만 관광통역안내사로 뽑아 주신다면 최선을 다해 한국을 알리는 사람이 될 수 있다고 생각합니다.

Being a tourist guide requires many qualifications. I think **communication skills and a sense of humor** are the most important.

First, **Communication skills** are~

Second, **a sense of humor** is~~

I **have both of these skills** due to my ~~~ experience. I am not very perfect right now, but I think I can be a good tourist guide who can introduce Korea to the world.

예제) 관광통역안내사의 자격 조건은 무엇입니까?

03 관광통역안내사가 되기 위해 한 노력 ★매년 출제★

이렇게 준비하세요!

- 구성 요령
  - » **서론:** 많은 노력을 해 왔음을 표현
  - » **본론:** 실제 기울인 노력 2~3가지 표현
  - » **결론:** 관광통역안내사로서의 의지 또는 열정 표현
- **답변 예시와 같이 여러 가지 노력들을 짧게 설명할 수도 있습니다.**

답변 예시

서론 저는 관광통역안내사라는 꿈을 이루기 위해 지난 **1년 동안 최선을 다해 노력**해왔습니다.

본론 1) **관광과 관련된 공부**를 충실히 해왔습니다. 한국의 역사와 문화 뿐만 아니라 관광 관련 지식도 공부했습니다. 스토리텔링을 위한 **외국어 공부**도 꾸준히 해왔습니다.

2) 관광과 관련된 다양한 **사회적 이슈**와 **최신 트렌드**를 조사해 왔습니다. 관광은 다른 산업에 비해 트렌드가 빠르게 변화하기 때문에 관련 기사를 스크랩하고, 관광업계 종사자들의 인터뷰를 보면서 가장 최신의 한국의 모습을 전달하기 위해 노력해 왔습니다.

3) 지역 박물관에서 큐레이터로 **자원봉사**를 하고 있습니다. 정기적인 해설 봉사는 전문 관광통역안내사로 활동하는데 도움이 될 것이라 생각합니다.

4) 저는 공부한 문화유산을 정기적으로 **답사**하고 있습니다. 특히 유네스코 문화유산을 깊이 이해하기 위해 창덕궁과 종묘를 방문했습니다.

5) 저는 저만의 독특한 한국을 소개하기 위해 제 취미(등산, 커피 등)를 바탕으로 다양한 **여행 코스**를 만들어 보고 있습니다.

결론 제가 지금은 많이 부족하다고 생각합니다. 하지만 관광통역안내사가 된다면 최선을 다해 공부하고 노력해 외국인에게 **더 멋진 한국을 알릴 수 있도록 하겠습니다.**

서론 I **have been doing my best over the past year** to achieve my dream of becoming a tourist guide.

본론 1) I have been **studying so hard**. I am studying Korean history and culture, and tourism knowledge. I am also learning **English** for storytelling.

2) I've been researching various **social issues and trends related to tourism**. Since tourism is an industry where trends change quickly compared to other sectors, I've been clipping news articles and watching interviews with people in the tourism industry to try to convey the most up-to-date picture of Korea.

3) I'm **volunteering** as a curator at a local museum. Regular guide volunteer work will help me become a professional tourist guide.

4) I **regularly visit the cultural heritage sites** I have studied, especially Changdeokgung palace and Jongmyo shrine to gain a deeper understanding of the UNESCO heritage.

5) I'm trying to **create various trip content** based on my hobbies (hiking, coffee, etc.) to introduce my own unique Korea.

결론 I think I'm not perfect right now, but if I become a tourist guide, **I will do my best** to study and work hard to make Korea more wonderful for international tourists.

예제) 가이드가 되기 위해 한 노력은 무엇이 있습니까?

04 관광통역안내사가 매력적인 이유 ★매년 출제★

이렇게 준비하세요!

- 구성 요령
  - » **서론:** 내가 선택한 매력적인 이유 1~2가지 나열
  - » **본론:** 각 매력에 대한 구체적인 설명
  - » **결론:** 관광통역안내사로서의 의지 또는 열정 표현
- 답변 예시와 같이 가장 큰 매력 한 가지를 길게 설명할 수 있고, 또는 여러 가지 매력을 짧게 이어 구성할 수 있습니다.

매력 예시

- 한국을 외국인에게 알릴 수 있다는 자부심: Pride to introduce Korea to tourists
- 자유로운 근무 환경: Flexible work environment
- 정년이 없는 직업: No retirement age
- 외국인들과의 교류: Interaction with international guests
- 여행을 통한 경제활동(수입): Income through traveling

답변 예시

서론 관광통역안내사는 직업적으로 많은 매력이 있지만, 저에게 있어 가장 큰 매력은 다양한 국가의 외국인 관광객들에게 한국을 소개할 수 있다는 자부심을 느낄 수 있는 직업이라는 점입니다.

본론 한국은 전통과 현대를 동시에 느낄 수 있는 여행지로 오랜 역사와 문화유산을 가지고 있을 뿐만 아니라 케이팝, 의료관광 등 현대적인 매력도 느낄 수 있는 여행지입니다. K-컬처의 부상으로 앞으로 더 많은 외국인들이 한국을 방문할 텐데, 제가 그들의 기대에 부응할 수 있다고 생각합니다.

손님에 대한 서비스 마인드를 바탕으로 한국에 대한 정확하고 가장 최신의 정보를 전달한다면 외국인 여행자는 한국에 대한 좋은 기억을 오랫동안 간직할 수 있다고 생각합니다. 관광통역안내사는 이런 역할을 통해 자부심을 느낄 수 있는 아주 매력적인 직업이라고 생각합니다.

결론 **만일 저에게 기회가 주어진다면** 한국의 진정한 아름다움을 전할 수 있는 민간 외교관이자 관광 가이드가 되고 싶습니다.

서론 Tourist guide has many attractions, but one of the biggest ones for me is **the opportunity to introduce Korea** to international guests from all over the world.

본론 South Korea is a travel destination that is **mingled both traditional and modern aspects**, with a long history and cultural heritage, as well as modern attractions like K-pop and medical tourism. **With the rise of K-culture,** more international tourists will visit Korea in the future, and I think I can help them meet their expectations.

If I deliver the most accurate and up-to-date information about Korea with a **service mindset,** international tourists can remember Korea with good memories for a long time. I think being a tourist guide is a **fascinating job that I can be proud of.**

결론 **If I became a tourist guide,** I would like to become a civilian diplomat and tourist guide who can convey the true beauty of Korea.

예제) 관광통역안내사라는 직업은 어떤 매력을 가지고 있습니까?

05 관광통역안내사가 직업적으로 어려운 이유 ★매년 출제★

이렇게 준비하세요!

- 구성 요령
  » **전반부:** 개인적인 어려움 설명
  » **후반부:** 극복 방안 및 의지 또는 열정 표현
- 어려운 점이나 단점을 길고 자세하게 설명하지 않습니다.
  » '그런데 왜 관광통역안내사 되려고 하세요?'라는 의문이 들지 않도록
- 반드시 극복 방안을 함께 언급해 주세요.

어려운 점(단점) ▶ 극복 방안 예시

1. 불안정한 수입 ▶ 역량 개발을 통한 안정화
   Unstable income ▶ Stabilize through skill development
2. 낮은 수입 ▶ 역량 개발을 통한 수익 창출
   Low income ▶ High income through building capacity
3. 높은 여행사 의존성 ▶ 자체 역량 개발을 통한 독립성 확보(창업 등)
   High dependence on travel agencies ▶ Secure independence through capability development
4. 높은 환경 변수 의존성(코로나 등) ▶ 관광 기반의 다양한 활동(N잡러 등)
   High dependence on environmental variables ▶ Diversify tourism-based activities

답변 예시

전반부 다른 직업과 마찬가지로 관광통역안내사도 어려운 점이 있다고 생각합니다. 저는 현재 가족의 경제적인 부분을 담당하는 가장으로서 **안정적인 수입이 필요**합니다. 대부분의 관광통역안내사는 프리랜서로 활동한다고 알고 있고, 따라서 경제적 안정성이 부족하다는 점이 극복해야 할 과제라고 생각합니다.

후반부 하지만 **모든 직업은 처음에 어려움이 있습니다.** 저는 취업 후 바로 안정적이지 않더라도 당분간 보완책을 마련했기 때문에 큰 문제는 없을 거라고 생각합니다. 그동안 열심히 일하면서 가이드로서의 역량을 키우고, 또한 고정 고객을 확보해 수입 안정화에 **최선을 다할 생각입니다.**

전반부 I think being a tourist guide has its challenges, like any other job. I am currently the head of my family and **need a stable income.** Most tourist guides work freelance, so the lack of economic stability is a challenge to achieve.

후반부 But **every job has its challenges in the beginning**. Even if my job isn't stable right away, I think it's not a big deal because I've made compensations for the time being. In the meantime, I will work hard, improve my skills as a guide, and do **my best to stabilize my income.**

예제) 관광통역안내사라는 직업의 어려운 점은 무엇이라고 생각하십니까?

06 관광통역안내사가 가져야 할 태도 ★매년 출제★

이렇게 준비하세요!

- 태도는 자격조건과는 달리 관광통역안내사가 갖추어야 할 마음가짐과 그에 따른 책임감을 표현할 수 있는 내용으로 구성해야 합니다.
- 구성요령
  - » **서론:** 내가 선택한 태도 1~2가지 나열
  - » **본론:** 각 태도에 대한 구체적인 설명
  - » **결론:** 1) 내가 위의 태도를 갖추고 있는 면접자임을 표현
- 답변 예시와 같이 여러가지 매력을 이어 구성할 수 있고, 또는 한 가지 내용을 길게 설명할 수도 있습니다.

가져야 할 태도 예시

1. 애국심 - 한국을 진심으로 사랑하는 태도
   Love - A sincere love for Korea
2. 책임감 – 시작부터 마지막까지 손님의 안전을 책임지는 태도
   Responsibility – Secure the safety of guests from the beginning to the end
3. 진실성 – 외국인들에게 따뜻함과 친절함을 전달하고자 하는 태도
   Trustworthy - A desire to convey warmth and kindness to international visitors
4. 자부심 – 한국 문화에 대한 자부심을 갖춘 태도
   Pride - having an attitude of pride in Korean culture
5. 성실성 – 취소 및 지각 등을 하지 않는 성실한 태도
   Sincerity - A sincere attitude that avoids cancelations and tardiness
6. 긍정성 – 다양한 상황에 대처할 수 있는 긍정적인 태도
   Positivity - A positive attitude that can cope with various situations
7. 이해심 – 상호간의 존중을 통한 배려하는 태도
   Understanding - A caring attitude through mutual respect

답변 예시

서론 관광통역안내사가 되기 위해서는 여러 태도가 필요하지만 저는 그중에서도 **한국에 대한 자부심과 손님에 대한 책임감**이 가장 필요하다고 생각합니다.

본론 1) 한국에 대한 진심 어린 사랑을 바탕으로 외국인 관광객들에게 한국을 소개하는 것이 관광통역안내사로서 **자긍심이자 애국심**이라고 생각합니다. 저의 진심을 통해 외국인 관광객들에게 감동을 주고 다시 찾고 싶은 한국에 대한 좋은 추억을 남겨드리겠습니다.

2) 두 번째로는 관광통역안내사는 **책임감 있는 자세**가 필요하며, 특히 여행객의 안전을 최우선으로 생각해야 합니다. 위험한 상황에서는 적절한 조치를 취하고, 여행객들에게 신뢰감을 줄 수 있도록 행동해야 합니다.

결론 이러한 태도를 갖춘 가이드는 여행객들에게 즐거운 경험과 유익한 정보를 제공할 수 있으며, 여행자들에게 **한국을 오랫동안 기억에 남게 할 수 있습니다. 저는** 이러한 두 가지 능력을 모두 갖추고 있다고 **확신합니다.**

서론 Being a tourist guide requires many attitudes, but I think **pride in my country and responsibility for guests** are the most necessary.

본론 1) Based on my sincere love for Korea, I think **it is pride** as a tourist guide to introduce Korea to international tourists. Through my sincerity, I will touch the visitors and leave them with good memories of Korea that make them want to visit Korea again.

2) Secondly, a **responsible attitude** is necessary for a tourist guide, and in particular, a tourist guide must put the safety of travelers first. We must take appropriate action in dangerous situations and act in a way that inspires trust in travelers.

결론 Guides with these attitudes can provide travelers with an enjoyable and informative experience and leave them with **good memories of Korea. I am confident** that I have both abilities.

07 관광통역안내사 역할/중요한 이유/필요한 이유/민간외교관인 이유 ★매년 출제★

이렇게 준비하세요!

- 질문은 다르지만 결과적으로 우리가 어떤 역할을 하고, 그 역할이 어떤 중요성을 가지고 있는지를 표현하는 동일한 답변의 문제입니다.
- 구성요령
  - » **서론:** 역할의 중요성 표현
  - » **본론:** 중요한 이유 설명
  - » **결론:** 중요성 한 번 더 강조

답변 예시

서론 관광통역안내사의 역할은 관광에서 **매우 중요**하다고 생각합니다. 왜냐하면 우리는 외국인 관광객과의 접점에서 한국의 이미지를 만들어가는 사람이기 때문입니다.

본론 우리는 외국인 관광객이 한국을 방문했을 때 **가장 먼저 만나는 한국인**일 뿐만 아니라 **다양한 정보를 전달하고 그들과 소통**합니다. 이러한 교류가 외국인들에게는 한국에 대한 좋은 인상을 주고, **한국을 오랫동안 기억**하게 합니다. 한국에 대해 **좋은 인상**을 갖게 된 외국인 관광객은 언젠가 **다시 한국을 방문**하고 싶어질 것입니다.

결론 결론적으로 우리는 관광통역안내사이자 동시에 **민간 외교관**으로서 중요한 역할을 하고 있다고 생각합니다.

서론 I think the role of a tourist guide in the tourism industry is **very important** because we are the first person to meet tourists and create an image of Korea.

본론 The tourist guide is the **first Korean tourists encounter** when they come to Korea, and we **communicate with them and provide them** with a variety of information. These exchanges give tourists a **good impression of Korea** and make them **remember Korea for a long time.** Tourists who have a good image of Korea will **want to visit Korea again** someday.

결론 In conclusion, I think we play an important role as tourist guides and **civilian diplomats.**

Note

08 자격증 취득 이후의 계획 ★매년 출제★

이렇게 준비하세요!

- 자격증 취득 이후 실제 나의 상황에 맞는 답변으로 구성합니다.
- 구성 요령
  - » **전반부:** 본인이 가지고 있는 계획
  - » **후반부:** 계획에 대한 구체적인 설명
- 당장 관광 분야에서 일을 할 수 없는 경우 언젠가 일을 할 수 있을 때까지 관광과 어떤 연결 고리를 만들면서 준비할지에 대해 설명합니다.
- 평소에 이 자격증을 어떻게 활용할지 답사나 교육을 통해 꾸준히 생각해 보시기 바랍니다.

계획 예시

- 관광통역안내사로 취업: Work as a tourist guide
- 관광 관련 업종 취업(관광공사, 여행사 등): Work in tourism-related industries
- 창업(스타트업, 게스트하우스 등): Running business
- 플랫폼을 통한 나만의 여행 판매: Work as a content creator
- (바로 일할 수 없는 경우) 해설 관련 봉사 등 준비: Alternate duties

답변 예시

전반부 저는 개인적으로 캠핑에 관심이 많아 한 달에 두 번 정도 가족들과 캠핑을 즐기고 있습니다. 제가 외국인을 위한 캠핑 환경을 조사해 보니 아직까지 프로그램이 많지 않다는 것을 알게 되어 이번 시험에 응시하게 되었습니다.

후반부 제가 관광통역안내사가 된다면 저는 외국인을 위한 다양한 캠핑 프로그램을 만들어 한국의 매력적인 자연을 외국인들에게 알리는 일을 하고 싶습니다. 저는 이미 10여 개의 캠핑 프로그램을 만들었고, 지금도 지속적으로 개발하고 있습니다. 외국인들에게 한국의 아름다운 자연을 소개할 수 있는 관광통역안내사가 될 수 있도록 꼭 시험에 합격하고 싶습니다.

전반부 I am **interested in camping** and enjoy it with my family about twice a month. When I searched for a camping environment for international travelers, I found very few programs still operating, so I decided to take this exam.

후반부 My goal as a tourist guide is **to create various camping programs** for tourists and introduce them to the beauty of Korea's nature. I have **already made over ten camping programs**, and I am constantly developing more. I want to pass this interview to become a tourist guide who can introduce the beautiful nature of Korea.

예제) 자격증 취득 이후의 계획은 무엇입니까?

09 관광산업의 변화에 따른 관광통역안내사 역할 변화 ★20,24년 출제★

답변 예시

서론 관광산업의 급격한 변화에 따라 **관광통역안내사의 역할도 빠르게 진화**하고 있습니다. 전통적인 관광 안내에 국한되지 않고, 기술의 발전과 관광객의 요구 변화에 따라 새로운 역량이 요구되고 있는 상황입니다.

본론 1) **스마트 기술 활용)** 관광산업에서 **스마트 기술의 도입은 필수적**이 되었습니다. 관광통역안내사는 이제 다양한 스마트 기술을 습득하고, 이를 현장에 적용할 수 있어야 합니다.

2) **전문성 증대)** 대규모 단체관광에서 소규모 맞춤형 관광으로의 전환이 이루어짐에 따라, **특정 분야에 대한 전문성**이 더욱 중요해졌습니다. 특정 주제에 대한 깊이 있는 지식과 차별화된 경험을 제공해야 합니다.

3) **콘텐츠 기획력)** 관광통역안내사는 단순한 안내를 넘어서, 관광 **콘텐츠를 직접 기획하고 개발**하는 역할도 맡게 되었습니다.

결론 빠르게 변하는 관광시장의 흐름에 맞춰, 저는 관광통역안내사로서 필요한 기술과 전문성을 적극적으로 습득하며, 변화하는 관광산업에서의 역할을 효과적으로 수행할 수 있도록 **끊임없이 노력**하겠습니다.

서론 The tourism industry is changing quickly, and the **role of tourist guides is also evolving.** We are now expected to adapt to technological advancements and tourist demands.

본론 1) **스마트 기술 활용)** The **integration of smart technology** into the tourism industry has **become essential**. Tourist guides must now be proficient in various smart technologies and be able to apply them effectively in the field.

2) **전문성 증대)** As the shift from large group tours to small, customized tours continues, having **specialized knowledge in certain areas** has become increasingly important.

3) **콘텐츠 기획력)** Tourist guides have moved beyond simple guiding duties to take on roles in **planning and developing tourism content.**

결론 I will keep learning the skills and knowledge I need to be a good tourist guide and **keep up with the changes** in the tourism industry.

10 관광통역안내사 자격증 장단점 ★18,19,24년 출제★

답변 예시

서론 관광통역안내사 자격증은 외국인 관광객을 대상으로 한국을 안내하는 중요한 자격증으로 장단점이 있습니다.

본론 1) 장점) 관광통역안내사 자격증을 취득하면, 국내에서 외국인 관광객을 대상으로 관광 가이드로 활동할 수 있는 기회가 많아집니다. 특히, 외국인 관광객을 대상으로 한 업무를 수행하면서 다양한 문화적 경험을 통해 관광 전문가로 성장할 수 있습니다.

2) 단점) 자격증을 취득하기 위해서는 일정한 시간과 비용이 들며, 시험 준비가 쉽지 않다는 단점이 있습니다. 또한, 이 자격증을 취득했다고 해서 바로 고용이 보장되는 것은 아니며, 실제 현장에서의 경험이 중요하기 때문에 초기에는 경력 부족으로 어려움을 겪을 수 있습니다.

결론 따라서 이 자격증을 통해 관광 산업에 입문할 수 있는 좋은 기회가 되지만, 자격증만으로 모든 것이 해결되지 않음을 인식하고, 계속해서 자신의 역량을 키워나가는 것이 중요합니다.

서론 The tourist guide certification is an important qualification for guiding international tourists in Korea. There are both advantages and disadvantages to the tourist guide certification.

본론 1) 장점) Obtaining the tourist guide certification opens many opportunities to work as a guide for international guests in Korea. While working with international visitors, you can gain diverse cultural experiences and grow as a tourism expert.

2) 단점) There is a certain amount of time and cost involved in obtaining the certification, and the exam preparation can be challenging. Additionally, having the certification does not guarantee immediate employment, and in the beginning, a lack of practical experience may cause difficulties in finding a job.

결론 Therefore, this certification offers a great opportunity to enter the tourism industry. However, it is important to recognize that certification alone does not solve everything, and continuous development of my skills is essential.

11 관광통역안내사의 국가관/애국심이 중요한 이유 ★16,20,22,23,24년 출제★

답변 예시

서론 관광통역안내사의 태도와 행동은 외국인들이 **한국을 어떻게 인식하는지에 큰 영향을 미치기 때문에**, 관광통역안내사의 **국가관과 애국심은 매우 중요**하다고 생각합니다.

본론 1) **애국심)** 관광통역안내사에게 애국심은 **한국을 진심으로 사랑하는 마음**으로 외국인 관광객들에게 **한국의 역사와 문화를 정확하고 자부심 있게 전달**하는 데서 나타납니다.

2) **역할)** 관광통역안내사가 자부심과 애정을 가지고 한국의 역사, 문화, 관광 자원을 소개한다면, 한국에 대한 관광객들의 **긍정적인 인식 형성**에 도움이 될 것입니다.

3) **감동)** 관광객들은 가이드의 진심 어린 설명과 열정에 **깊은 인상**을 받으며, 이를 통해 한국에 대한 **호감도가 높아지고**, 더 나아가 한국의 **국가 브랜드 가치 향상**에 기여할 수 있습니다.

결론 따라서 관광통역안내사는 **한국을 대표하는 얼굴이자 민간외교관**으로서의 역할을 수행하며, **자부심과 책임감**을 가지고 한국을 알리는 데 힘써야 합니다.

서론 The behavior and attitude of a tourist guide are very important because they **greatly affect how tourists think** about Korea. **The sense of national identity and love for Korea are important** to creating a positive image of Korea for visitors.

본론 1) **애국심)** For a tourist guide, love for Korea is a **sincere affection** that represents **accurately and proudly sharing the Korea's history and culture** with international visitors.

2) **역할)** When tourist guide introduces Korea's history, culture, and tourist attractions with pride and sincerity, it helps **make a positive image of Korea.**

3) **감동)** **Tourists are moved** by the sincere interaction and passion of the tourist guide, which can **increase their affection** for Korea and contribute to **enhancing the nation's brand value.**

결론 Thus, tourist guides serve as the **face of Korea and as civilian diplomats.**
For these reasons, tourist guides should **work with pride and responsibility** in promoting Korea.

12 관광통역안내사가 하지 말아야 하는 행동 ★23,24년 출제★

답변 예시

서론 관광통역안내사는 외국인 관광객과 최접점에서 만나는 직업으로 사소한 행동이라도 외국인에게 부정적인 영향을 미칠 수 있다고 생각합니다. 저는 대표적으로 역사 왜곡, 쇼핑 강매, 지각에 대해 관광통역안내사가 하지 말아야 할 행동을 말씀드리겠습니다.

본론 1) 역사 왜곡) 관광통역안내사는 정확하고 사실에 기반한 설명을 제공해야 합니다. 역사 왜곡은 관광객에게 잘못된 정보를 전달하는 행위로, 한국의 역사와 문화를 오해하게 만들어 국가 이미지에 부정적인 영향을 주게 됩니다.

2) 쇼핑 강매) 쇼핑 강매는 관광객에게 불쾌감을 주며, 여행 만족도를 저하시킵니다. 나아가 관광객과의 신뢰 관계를 손상시킬 수 있습니다.

3) 지각) 가이드가 투어 시간에 지각한다면 전체 투어 일정을 방해하고, 관광객들의 여행 계획에 부정적인 영향을 미칠 수 있습니다.

결론 이러한 행동 규범을 준수함으로써, 관광통역안내사는 관광객에게 긍정적이고 기억에 남는 여행 경험을 제공하는 데 기여할 수 있습니다. 제가 만일 관광통역안내사가 된다면 절대로 이런 행동을 하지 않겠습니다.

서론 A tourist guide is a job that interacts with international tourists at the closest point, and even small actions can have a negative impact on them. I will talk about the behaviors that tourist guides should avoid, focusing on historical distortion, shopping pressure, and punctuality.

본론 1) 역사 왜곡) A tourist guide must provide accurate and fact-based explanations. Distorting history means giving tourists inaccurate information about Korea's history and culture. This can lead to misunderstandings about Korea and damage the country's reputation.

2) 쇼핑 강매) Pressuring tourists to shop can make them feel uncomfortable and reduce their overall satisfaction with the tour. It can also damage the trust between the tourist guide and the tourists.

3) 지각) If a tourist guide is late for the tour, it can disrupt the entire schedule and have a negative impact on the tourists' travel plans.

결론 By following these rules, tourist guides can give tourists a positive and memorable experience. If I become a tourist guide, I will make sure not to engage in these negative behaviors.

02

한국 기본 정보

02

한국 기본 정보

학습 내용 및 목표

본 단원에서는 한국의 기본 정보라고 할 수 있는 **한국의 상징과 한국사**에 대해 학습합니다. 출제 빈도는 높지 않지만 관광통역안내사가 알아야 할 기본적인 내용들로 구성되어 있으니 주의 깊게 준비해야 합니다.

준비 방향

가. 국가 상징

한국의 상징물에 관한 **기초적인 정보와 함께 일상생활에서 상징들이 어떻게 활용되는지**에 대해 생각하면서 답변을 준비하세요.

나. 한국의 역사

한국의 역사는 면접을 준비하는 가장 기본이 되는 내용으로 **다른 문제들에 응용할 수 있는 활용도가 높습니다.** 한국사는 기본적이고 간단한 국사 지식만으로 답변을 준비해도 충분하니 **간결한 답변**을 준비하세요.

출제 빈도: ★★ 중요도: ★★★★★

자주 출제되는 문제들은 아니기 때문에 **출제 빈도는 높지 않지만** 출제된 문제에 대한 답을 하지 못한 경우 **점수에 크게 영향을 미칠 수 있는 중요도가 높은 주제**입니다. 빈도와는 관계없이 꼼꼼하게 준비하는 것이 중요합니다.

Note

국가상징

이렇게 준비하세요!

- 구성 요령
  - » **전반부:** 명칭과 상징에 대한 설명
  - » **특징:** 각 상징의 구체적인 특징을 설명
  - » **활용:** 현재 어떻게 활용되고 있는지 설명

13 태극기/National Flag

정의 대한민국 **국기는 '태극기'**로 대표적인 **한국의 상징**입니다.

특징 태극기는 **흰색 바탕**에 가운데 **태극 문양**과 네 모서리의 **4괘**로 구성되어 있습니다. 태극기의 **흰색 바탕은 밝음과 순수**, 그리고 전통적으로 **평화를 사랑하는 민족성**을 나타냅니다. 가운데 **태극 문양은 위아래 빨강, 파랑으로 구성**되어 있으며, 이는 동양의 **음양사상에 바탕**을 두고 있습니다. 그리고 네 모서리의 **4괘**는 우주 만물 중에서 **하늘, 땅, 물, 불**을 상징하며 태극을 중심으로 통일의 조화를 이루고 있습니다.

활용 오늘날 태극기는 국경일이나 스포츠 응원 등 **다양한 목적으로 사용**되고 있으며, 태극기를 모티브로 한 다양한 **관광 기념품**도 외국인 관광객에게 인기가 있습니다.

정의 The **Korean national flag** is called **'Taeguekgi'** in Korean, an **iconic symbol** of Korea.

특징 It has a **white background** with the **Taeguek sign in the center** and the **four trigrams** at the corners. The **white background** of the flag represents **brightness**, **purity**, and the traditional **peace-loving nature of the Korean people.** The **Taeguek symbol** in the center is **composed of upper red and lower blue colors**, reflecting the **Asian philosophy of Yin and Yang**. The **four trigrams** represent the **four elements** of the universe: **heaven, earth, water, and fire**, creating a harmony of unity.

활용 The Taeguekgi is now used for **various purposes** such as national holidays and sports cheering. International tourists also enjoy purchasing **souvenirs** with flag designs.

14 애국가/National Anthem - 16,18,19년 출제

정의 대한민국의 국가는 '애국가'로 대표적인 한국의 상징입니다.

특징 애국가는 일제 식민지로부터 독립을 위해 투쟁하던 시기에 작곡되어 깊은 애국심과 나라에 대한 사랑이 가사에 담겨 있습니다. 애국가는 만들어진 이후 여러 버전의 변화를 거쳤지만 국가에 대한 사랑을 담은 의미는 그대로 유지되었습니다.

1935년 작곡가 안익태가 현재의 형태로 작곡한 이 곡은 1948년 대한민국 정부에 의해 공식적인 애국가로 채택되었습니다.

활용 현재 애국가는 국가 행사 또는 교육 기관에서 사용되고, 또한 스포츠 경기 등에서 활용되어 단결을 상징하기도 합니다.

정의 The Korean national anthem is called 'Aegukga' in Korean, an iconic symbol of Korea that translates to 'The Patriotic Song' or 'The Song of Love for the Country,' in English.

특징 Aegukga was written during a struggle for independence from Japanese colonization. The anthem lyrics reflect the deep patriotism and love for the country. Since its creation, the song has undergone several versions of transition. However, it remained to promote a sense of love to the country.

Maestro An iktae composed a present form of the song in 1935, which was then officially adopted by the Korean Government in 1948 as the national anthem.

활용 Today, Aegukga is used at national events or educational institutions, and they are also used at sporting events to symbolize unity.

Note

15 무궁화/National Flower 'Rose of Sharon' (Korean Rose)

정의 대한민국 국화는 '무궁화'로 대표적인 한국의 상징입니다.

특징 무궁화는 흰색, 분홍색, 보라색 등 다양한 색을 지니고 있으며, 척박한 환경에서도 잘 자라는 강한 생명력을 가지고 있습니다. 특히, 7월부터 10월까지 약 100일 동안 꽃을 계속 피우는 특징이 있어, 한국인의 인내와 아름다움을 상징하는 꽃으로 여겨져 왔습니다. 이러한 이유로 무궁화는 오래전부터 한국의 시와 노래에 자주 등장하며, 오늘날에는 관습적으로 대한민국의 국화로 자리 잡고 있습니다.

활용 오늘날 무궁화는 국가 기념일이나 특별한 날에 자주 사용되며, 대통령, 국회 등의 국가 상징으로 사용되기도 합니다.

정의 The **Korean national flower** is called **'Mugunghwa'** in Korean, an **iconic symbol** of Korea that translates to 'Rose of Sharon' in English.

특징 The mugunghwa comes in **various colors**, such as white, pink, and purple, and it's very **strong**, growing even in tough conditions. It blooms continuously for about **100 days from July to October**, symbolizing the Korean spirit of **patience and beauty**. Because of this, the mugunghwa has **often appeared in Korean poems and songs** throughout history and is now **customarily recognized as the national flower** of Korea.

활용 In modern times, it is also often used for **national celebrations and special occasions** and **symbols for the President and National Assembly**, etc.

※ 태극기와 애국가는 법제화된 국가 상징인 반면 무궁화는 법으로 명시된 국화는 아닙니다. 따라서 관습적으로 사용하고 있다는 표현을 사용했습니다.

Note

16 국경일/National Celebration Day - 16, 22년 출제

이렇게 준비하세요!

- 구성 요령
  - » **정의:** 명칭과 일자
  - » **특징:** 각 국경일의 구체적인 특징을 설명
  - » **활용:** 행사와 참여방법 설명
- 기출문제 유형
  - » 국경일 중 하나 또는 전체를 설명
  - » 역사와 관련된 공휴일 또는 국경일 설명

이런 점에 주의하세요

- 국경일과 공휴일은 다른 개념이므로 문제를 잘 듣고 답변합니다
- '역사와 관련된 국경일과 공휴일'이 자주 출제되므로 삼일절, 광복절, 개천절, 한글날은 공통으로 준비하고, 나머지 제헌절과 현충일만 구분해서 답변을 준비하시기 바랍니다.

국경일	공휴일
나라의 경사스러운 날을 기념하기 위하여 법률로써 지정한 날	일요일을 포함해 공적으로 쉬기로 정해진 날
National Celebration Day	Public Holiday
공통 4개 삼일절, 광복절, 개천절, 한글날 비공통 제헌절 + 없음	공통 4개 삼일절, 광복절, 개천절, 한글날 비공통 현충일 + 설날, 추석, 석가탄신일, 성탄절 등

정의 **한국의 국경일** 중 하나인 **삼일절**은 **매년 3월 1일**입니다.

특징 삼일절은 **조선의 독립**을 위해 **1919년에 일어난 3.1운동**을 기리기 위해 지정되었습니다. 3.1운동은 조선이 일본에 점령당한 1919년 일어난 운동으로 조선의 일본군 통치에 대한 공개적인 저항 시위였습니다.

활용 이날은 공식 기념식을 비롯해 **다양한 활동과 행사**가 하루 동안 진행되며, 각 가정에서는 **태극기를 게양**하고 퍼레이드 및 전시회 등 **다양한 행사에 참여해 기념**할 수 있습니다.

정의 One of the **national celebration days in Korea is 'Samiljeol'** which is celebrated on **March 1st**, also known as Independence Movement Day in English.

특징 The Samiljeol was designated to honor the **March 1st Movement**, which took place **in 1919** to gain **independence for Korea**. It was a public demonstration of resistance to Japanese military rule after Japan occupied the country.

활용 **Many activities and events** happen during the day, including an official ceremony. Families are encouraged to **hang the flag** and **participate in** parades, exhibitions, and other events **to commemorate the day.**

삼일절 **Independence Movement Day** **(March 1st)**	삼일절은 조선의 독립을 위해 **1919년에 일어난 3.1운동**을 기리기 위해 지정되었습니다. 3.1운동은 조선이 일본에 점령당한 1919년 일어난 운동으로 조선의 일본군 통치에 대한 공개적인 저항 시위였습니다. Independence Movement Day was designated **to honor the March 1st Movement**, which took place in 1919 to gain independence for Korea. It was a public demonstration of resistance to Japanese military rule in Korea after Japan occupied the country.
현충일(공휴일) **Memorial Day** **(June 6th)**	현충일은 **국가를 위해 희생되거나 목숨을 바친 순국선열을 추모**하기 위해 지정된 날로 그들에게 감사와 존경을 표하고 헌신과 희생을 되돌아보는 시간입니다. Memorial Day is a day **to honor and remember those who sacrificed their lives for the country**. It's also a time to show gratitude and respect for them and reflect on their service and sacrifice. **※ 현충일은 법정공휴일로 국경일은 아님**
제헌절 **Constitution Day** **(July 17th)**	제헌절은 1948년 7월 17일 **대한민국 최초의 헌법이 제정**된 것을 기념하는 날입니다. 2008년부터 공휴일에서 제외되어서 현재는 공휴일이 아닌 국경일에 속합니다. Constitution Day commemorates the **establishment of South Korea's first constitution** on July 17th, 1948. It was removed as a public holiday in 2008.

광복절 **Liberation Day** **(August 15th)**	광복절은 수십 년에 걸친 **일제강점기로부터의 자유를 기념**하는 날로 1945년 8월 15일에 일본으로부터의 해방을 선언한 날을 기리기 위해 지정되었습니다. Liberation Day commemorates the **freedom from decades of Japanese occupation**. It was designated to honor the day on August 15th, 1945, when Korea declared its liberation from Japan.
개천절 **National Foundation Day** **(October 3rd)**	개천절은 기원전 2333년 단군이 한반도 최초의 국가인 **고조선 건국을 기념**하는 날입니다. 강화도 마니산 정상에 있는 참성단에서 간단한 기념식을 거행합니다. National Foundation Day commemorates the **founding of Gojoseon**, the first kingdom on the Korean Peninsula, by the legendary figure Dangun in 2333 BC.A simple ceremony is held at an altar at the top of Manisan Mountain on Ganghwado island.
한글날 **Hangeul Day** **(October 9th)**	한글날은 세종대왕이 우리나라 고유 문자인 **한글 창제와 반포를 기념**하는 날입니다. 한글을 창제한 세종대왕의 노력과 한글의 역사적, 문화적 가치를 기리기 위해 지정되었습니다. Hangeul Day commemorates King Sejong the Great's **invention and proclamation of Hangeul**, the Korean alphabet. It is designated to honor King Sejong's efforts in creating Hangeul and its historical and cultural value.

한국의 역사

이렇게 준비하세요!

- 구성 요령
  - » **정의:** 시조, 건국 연도, 위치, 수도 등 설명
  - » **특징:** 문화적 특징 및 대표 유물과 유적 등 설명
  - » **멸망:** 멸망 과정 설명
- 기출문제 유형
  - » 삼국의 문화적 특징 비교하기
  - » 한국의 역사(전체) 설명하기

이런 점에 주의하세요

- 너무 자세한 역사적 사실 보다 왕조의 전반적인 흐름과 문화적 특징을 중심으로 답변을 준비합니다. (국사 시험이 아니라 관광 시험임을 염두에 두세요.)

용어 설명

- 기원전/후를 표현하는 축약어

	기원전	기원후
종교적	BC: Before Christ	AD: Anno Domini (=in the year of the Lord)
비종교적	BCE: Before Common Era	CE: Common Era

※ 본문에서는 대중적으로 많이 쓰이는 BC와 AD로 표기했습니다.

※ 편의상 AD는 모두 생략했습니다.

• 왕조

	의미	본문 표기 국가
Confederation	연맹. 전제 왕권이 아직 성립되지 않은 연합체	가야
Kingdom	왕국. 왕이 있는 전제군주국가	고조선, 삼국시대, 발해
Dynasty	왕조. 단일 성씨로 이어져 오는 전제군주국가	고려, 조선

Note

17 삼국 시대/Three Kingdoms period

정의 삼국 시대는 기원전 1세기부터 7세기 중반까지 한반도 전역에 위치한 고구려, 백제, 신라라는 세 개의 국가가 영토 확장을 위해 경쟁하던 시기를 말합니다.

특징 고구려는 기원전 37년 주몽에 의해 건국되어, 평양을 수도로 성장한 국가로 삼국 중 가장 넓은 영토를 차지했습니다.
고구려는 한반도 북부와 만주를 아우르는 광활한 영토를 점령해 중국과의 영토 분쟁이 잦았고, 따라서 힘차고 씩씩한 기상을 가지고 있었습니다. 고구려 고분벽화나 광개토대왕릉비는 고구려의 기상을 보여주는 가장 대표적인 유산입니다.
668년 나당 연합군에 의해 신라로 편입되었습니다.

특징 백제는 한반도 남서쪽에 위치한 나라로 기원전 18년 온조에 의해 건국되었습니다. 백제는 지금의 서울인 한성을 수도로 삼아 건국한 후 공주와 부여로 도읍을 옮기기도 했습니다.
백제는 중국과 일본을 잇는 가교 역할을 하였으며 세련되고 귀족적 기품이 느껴지는 문화가 특징으로 이러한 문화적 특징을 보여주는 유산으로는 금동대향로와 무령왕릉이 있습니다. 백제의 수도와 후보지였던 공주, 부여, 익산의 유적들이 현재 '백제역사유적지구'라는 이름으로 유네스코 문화유산에 등재돼 있습니다.
고구려와 마찬가지로 660년 신라에 의해 멸망했습니다.

특징 신라는 고구려, 백제와 함께 고대 한반도의 삼국 시대를 구성하였던 국가로 기원전 57년 박혁거세에 의해 건국되었습니다. 신라는 경주를 수도로 하여 기원전 57년부터 935년까지 992년간 지속되었고, 중국의 당과 동맹을 맺어 660년에 백제를, 668년에는 고구려를 차례로 멸망시키고 이후 한국 역사상 최초의 통일 국가를 세웠습니다.
통일신라는 고구려와 백제 문화를 융합해 독자적인 문화와 예술을 발전시켰으며, 특히 불교문화의 최고 전성기를 이룩하여 불교문화의 정수라 불리는 석굴암, 불국사 등 많은 문화유산을 남겼습니다. 현재 경주의 유적들은 '경주역사유적지구'라는 이름으로 유네스코 문화유산에 등재되었습니다.
신라 말기에 이르러 왕과 귀족들의 사치스러운 생활과 내부 분열로 인해 왕건이 세운 고려에 935년 멸망했습니다.

Note

정의 **The Three Kingdoms Period** refers to the period from **1st century BC to the mid-7th century** when three rival kingdoms - Goguryeo, Baekje, and Silla - **struggled for expanding territory** across the Korean Peninsula.

고구려 Goguryeo had the **largest territory** of the three kingdoms. Founded in **37 BC** by **Jumong**, it was **based in Pyongyang.** Goguryeo **occupied** a vast territory covering the **northern part of the Korean Peninsula.**
The kingdom expanded its territory in fierce battles against Chinese kingdoms, so they were **strong and energetic.** The **Goguryeo Tomb Murals (고구려 벽화) and King Gwanggaeto Stele (광개토대왕릉비)** are the most representative heritage of the Goguryeo period. Goguryeo **fell to the Silla in 668.**

백제 **King Onjo** founded Baekje in **18 BC** in the **southwestern Korean Peninsula.** Baekje was established **with Hanseong** as its capital, now Seoul, and later moved its capital to Gongju and Buyeo.
The Baekje was a crossroads between China and Japan and witnessed the flowering of the **elegant and delicate** Baekje culture. **Gilt-bronze Incense Burner of Baekje (금동대향로) and the Royal Tomb of King Muryeong (무령왕릉)** are the representative legacies of Baekje. **'Baekje Historic Areas'** is also designated as UNESCO's World Cultural Heritage Site. **In 660**, Baekje was **defeated by Silla.**

신라 Silla was **founded by Park HyukGeose** in the **southeastern Korean Peninsula.** Silla **lasted 992** years, **based in Gyeongju** as its capital city, **from 57 BC to 935.** It conquered Baekje and Goguryeo, one after the other, and later founded the **first unified state in Korean history.**
The unified Silla kingdom **developed its own culture and art** by **integrating with the cultures** of Goguryeo and Baekje and leaving behind many cultural heritages. In particular, **Buddhist culture reached its peak** and left many cultural assets, such as Seokguram Grotto and Bulguksa Temple, which are said to be the essence of Buddhist culture. **'Gyeongju Historic Areas'** is also designated as UNESCO's World Cultural Heritage Site.
However, the Unified Silla declined in its later years because of the noble class's corruption. It **fell to the Goryeo dynasty in 935.**

18 가야/Gaya Confederacy

가야는 백제와 신라 사이의 남부 지역을 차지하며 600년 이상(기원전 1세기~서기 562년) 지속된 고대 연맹체로, 6개의 도시국가로 구성되었습니다. 김수로왕이 세웠으며 낙동강변 백제와 신라 사이에 위치했습니다.

처음 가야 연맹이 등장하면서 금관가야가 주도적인 역할을 했습니다. 특히 철기로 명성을 얻은 가야는 철제 갑옷과 무기를 백제와 일본에 대량으로 수출했습니다. 이후 가야의 주도권은 금관가야에서 대가야로 넘어갔고, 대가야 역시 562년 신라에 의해 점령당했습니다.

최근까지 가야 연맹은 삼국에 가려져 크게 주목받지 못했으나 1970년 이후 활발한 고고학적 조사를 통해 수많은 가야 유적이 공개되면서 재조명되고 있습니다. 가야의 대표적인 유적으로는 최근 유네스코 문화유산으로 등재된 '가야 고분군'이 있습니다.

Gaya was an ancient confederacy that occupied the southern region between Baekje and Silla and lasted for over 600 years, consisting of six city-states. It was founded by Kim Suro and was located along the Nakdonggang River.

When the Gaya emerged, Geumgwan Gaya played a leading role. Gaya was particularly famous for its steelmaking and exported iron products to Baekje and Japan in large quantities. The leadership of Gaya passed from Geumgwan Gaya to Dae Gaya, which also fell to the Silla kingdom in 562.

Until recently, the Gaya was thought to be a minor state overshadowed by the Three Kingdoms of Korea. Since 1970, many Gaya remains have been unveiled through active archeological investigations, considering more than just a small kingdom. Gaya's most famous relic is the 'Gaya Royal Tombs', recently listed as a UNESCO World Cultural Heritage Site.

Note

19 발해/Balhae

발해는 **고구려를 계승**하여 **698년 대조영이 건국한 국가**로 발해의 건국으로 **남북국시대**가 열렸습니다. 발해는 **강한 군사력과 발전된 문화**를 가지고 있었으며, 영토를 확장하여 옛 **고구려의 영토를 대부분 차지**하였고, '해동성국'이라 불리며 성장했으나 **926년 거란의 침입으로 멸망**했습니다.

발해는 **고구려를 계승**해 건국된 나라이고 그 **이유**는 이렇습니다.
첫째, 발해의 문왕이 **일본에 보내는 국서**에서 본인을 **'고려의 왕'**이라고 칭했다는 기록이 전해집니다. 둘째로 발해의 **지배층은 대부분 고구려인**이었습니다. 셋째로 발해 주거문화에서 **온돌이 발견**되고 있습니다. 이 사실을 종합하면 **발해가 한국 역사였다는 사실을 명백히** 보여준다고 할 수 있습니다.

Balhae **succeeded Goguryeo** and was **founded in 698 by Dae Joyoung,** and the founding of Balhae marked the beginning of the **Northern and Southern state period (남북국시대).** Balhae had strong **military power and an advanced culture.** It expanded its territory to take over most of the region of the former Goguryeo and grew to be called 'the strong country by the sea in the east (해동성국),' but it was **destroyed by the Khitan (거란) invasion in 926.**

Balhae was founded as a **successor to Goguryeo** for the following reasons:
First, it is recorded that King Mun of Balhae referred to himself as the **'King of Goryeo' in a state letter** to Japan. Second, the **ruling class** of Balhae was **mostly people from Goguryeo,** and third, **ondol is found** in Balhae's residential culture. In conclusion, these facts clearly show that **Balhae was Korean history.**

Note

20 고려/Goryeo Dynasty

자주적으로 한반도의 통일을 이룬 고려는 918년에 태조 왕건이 개성을 수도로 건국하였습니다. 고려는 불교를 국교로 정해 정치, 문화적으로 영향을 많이 받았으며 대표적인 문화유산으로 고려청자, 팔만대장경, 세계 최초의 금속활자본인 직지심체요절 등이 있습니다. 거란, 여진, 몽골, 홍건적 등 많은 외적의 침입과 더불어 권력의 부패로 인해 쇠퇴하기 시작했고, 고려 말 이성계의 위화도 회군 이후 1392년 조선에 의해 역사 속으로 사라졌습니다.

The Goryeo dynasty was established in 918 by King Wang geon, and Gaeseong was designated as the capital city. Buddhism became the state religion during this time and greatly influenced politics and culture. Famous items produced during this time include Goryeo celadon, the Tripitaka Koreana (팔만대장경), and the world's first movable metal type, Jikji. It began to decline due to corruption in power and many foreign invasions, and was finally turned over by the Joseon dynasty in 1392.

21 조선/Joseon Dynasty

조선은 1392년에 태조 이성계가 한양을 수도로 건국하였습니다. 조선은 성리학을 국가이념으로 정했으며, 성리학은 사회 전체에 막대한 영향을 미쳤습니다. 종묘와 조선왕릉 등 유교와 관련된 유산과 한글의 창제 등 다양한 분야에서 업적을 남겼지만 결국 1910년 일본에 의해 강제 병탄되고 역사 속으로 사라졌습니다.

The Joseon dynasty was established in 1392 by Yi seonggye, and Hanyang (Seoul) was designated its capital city. Neo-Confucianism became the state ideology and greatly influenced politics and culture. The Joseon dynasty left a legacy of Confucianism, including the Jongmyo Shrine, the royal tombs of the Joseon dynasty, and the creation of Hangeul. The Joseon dynasty was forcibly annexed by Japan in 1910.

Note

22 한국전쟁/Korean War

1950년 6월 25일, 무력통일을 위해 북한군이 38선을 넘어 남한을 침공하면서 한국전쟁이 시작되었습니다. 유엔 더글러스 맥아더 최고사령관의 지휘 아래 16개국 이상의 군사 지원은 공산주의의 위협으로부터 대한민국을 방어하는 데 큰 도움이 되었습니다.

그러나 중국은 북한을 지원하기 위해 군대를 파견했고, 이후 1953년 7월 27일 판문점에서 휴전 협정이 체결되기까지 전쟁은 3년 동안 계속되었습니다. 한국전쟁은 한반도를 폐허로 만들고 남북한 주민들 간의 적대감을 고조시켜 수많은 사상자와 이산가족을 낳은 비극적인 전쟁이었습니다.

On June 25th, 1950, the North Korean Army invaded the South, starting the Korean War by **crossing the 38th Parallel. Military support from over 16 nations** under the leadership of the **U.N.** (Supreme Commander Douglas MacArthur) **helped defend South Korea** against the threat of communism.

However, **China sent troops to support North Korea,** and the war **continued over the next three years** until it came to an end on **July 27th, 1953, with an armistice signed at Panmunjeom.** The Korean War was a **tragic war** that left the Korean Peninsula in ruins and increased hostility between the people of North and South Korea, **resulting in countless casualties and separated families.**

Note

23 한국의 역사/Korean History - 20, 22년 출제

서론 한국은 오 천년이 넘는 역사를 가진 **세계에서 가장 오래된 국가 중 하나**입니다.

본론 한반도에는 기원전 2333년 최초의 국가 **고조선**이 건국되었습니다. 그 후 고구려, 백제, 신라의 **삼국시대**는 3개의 라이벌 국가 간 영토전쟁과 세력 균형이 이루어졌고, 다양한 불교문화를 꽃피웠습니다. 신라가 삼국을 통일한 뒤 통일신라와 발해의 **남북국시대**가 존재했습니다.

이후 불교를 국가이념으로 한 **고려**가 건국되었습니다. 유교를 건국이념으로 삼았던 **조선**이 고려 이후 건국되었으며 근대화를 이룬 **대한제국**이 세워진 후에 참담한 **일제강점기**를 거쳤습니다. 1945년에 광복을 찾았지만 미, 러 양국의 분할 점령으로 분단국가가 형성되었고 3년간의 한민족 간 뼈아픈 **6.25전쟁**을 치러야만 했습니다.

결론 하지만 한국은 일제강점기와 분단의 아픔을 딛고 **유일하게 민주화와 경제성장을 동시에 이룬 나라**로 세계적인 경제 강국이 되었습니다.

서론 Korea is **one of the oldest countries in the world,** with over 5,000 years of history.

본론 The first state, **Gojoseon,** was founded in 2333 BC. The **Three Kingdoms period** of the Goguryeo, Baekje, and Silla kingdoms was characterized by territorial wars, balancing powers between the three rival states, and the flourishing of a diverse Buddhist culture. After the Silla kingdom unified the three kingdoms, there was the **Northern and Southern state period (남북국시대)** of the Unified Silla and Balhae kingdoms.

The Goryeo dynasty was founded with Buddhism as the national ideology. With Confucianism as its founding philosophy, the **Joseon dynasty** replaced Goryeo, and the modernizing **Korean Empire** was established, followed by the devastating **Japanese colonial period.** In 1945, the country was liberated, but occupation by the U.S. and the USSR created a divided country and led to the three-year **Korean War.**

결론 Since then, South Korea has become a global economic leader and the **only country to simultaneously achieve democratization and economic growth.**

03

유네스코 유산

03

유네스코 유산

학습 내용 및 목표

본 단원에서는 유네스코 유산에 대해 학습합니다. 세계적으로 보존 가치가 높은 한국의 유네스코 유산을 단순한 관광자원으로만 이해하는 것이 아니라, 역사적, 문화사적으로 보다 깊이 있게 이해하며, 한국의 매력을 소개할 수 있도록 준비합니다.

준비 방향

가. 전체

다소 생소한 내용과 어휘에 당황하지 마세요. 우선 국가유산청(전 문화재청) 유네스코 문화유산 동영상을 통해 중요한 내용과 단어를 한국어로 이해한 뒤 영어로 정리하는 것을 추천해 드립니다. 검색에만 집중하는 것은 시간이 많이 소요되고 효율성이 떨어집니다. 핵심 내용 위주로 간결하게 정리하는 것이 중요합니다.

나. 유네스코 세계유산

대부분의 유네스코 세계유산이 기출문제로 출제되었을 정도로 출제 빈도가 높고 중요합니다. 내용을 충실히 준비한 뒤 답사를 통해 공부한 곳들을 직접 방문한다면 보다 생생하게 기억할 수 있습니다.

다. 유네스코 세계기록유산

세계유산에 비해 출제 빈도가 낮습니다. 기출문제 중심으로 준비하고, 내용은 세계유산의 50~70% 정도의 분량으로 구성합니다. 특히 기록유산의 중요성은 대부분 동일하기 때문에 패턴 문장을 만들어 활용해 보세요.

라. 유네스코 세계인류무형유산

무형유산은 종류가 많고 평소 접근성이 떨어져 어렵게 느껴지는 주제인데 반해 출제 빈도가 낮습니다. 따라서 기출문제를 중심으로 정의와 특징 정도로 간결하게 준비하세요. 최근 3~5개의 유산을 한 번에 말하는 기출문제가 출제되고 있으므로 여러 유산을 묶어 답변하는 연습도 해 보시기 바랍니다.

출제 빈도: ★★★ 중요도: ★★★

출제 빈도는 낮을 수 있으나 변별력이 높은 주제입니다. 평소 동영상과 답사를 통해 유산들의 특징을 잘 기억해 두시는 것이 효과적입니다.

Note

유네스코 유산

24 유네스코 유산의 종류/List of UNESCO's Heritage - 17,20,21년 출제

서론 유네스코는 세계적으로 중요한 자연적, 문화적 가치를 지닌 장소들을 보존하기 위해 유네스코 세계유산 목록을 관리하고 있습니다. 유네스코 세계유산은 크게 다섯 가지 유형으로 나뉩니다.

본론 1) 세계유산(World Heritage)

인류의 보편적이고 뛰어난 가치를 지닌 각국의 유형 유산으로 문화유산, 자연유산 그리고 문화와 자연의 가치를 함께 담고 있는 복합유산이 있습니다. 한국은 현재 문화유산 14개, 자연유산 2개를 포함한 총 16개의 유산을 보유하고 있고, 종묘, 해인사 장경판전 등이 대표적입니다.

2) 세계기록유산(Memory of the World)

인류의 기억과 역사를 보존하기 위해 유네스코가 지정하는 문서와 기록으로 한국은 현재 18개의 유산을 보유하고 있고, 훈민정음해례본, 조선왕조실록 등이 대표적인 유산입니다.

3) 인류무형유산(Intangible Heritage of Humanity)

인류의 문화적 표현과 전통적인 실천 방식, 예술 형태, 사회적 관례, 축제 등으로 한국은 현재 22개의 유산을 보유하고 있고, 대표적으로 종묘제례와 종묘제례악, 판소리 등이 포함됩니다.

4) 생물권 보전지역(Biosphere Reserves)

생물 다양성과 지속 가능한 발전을 위해 보호되는 생태계 지역으로 한국은 현재 10곳이 지정되었으며, 대표적으로 설악산과 제주도 등이 있습니다.

<설악산(1982/2016확장), 제주도(2002/2019확장), 신안 다도해(2009/2016 확장), 광릉숲(2010), 전북 고창(2013), 전남 순천시(2018), 강원생태평화-철원·화천·양구·인제·고성지역(2019), 연천 임진강(2019), 전남 완도(2021), 경남 창녕(2024)>

5) 세계 지질공원(Global Geoparks)

지질적 특성과 지구 과학적 가치를 가진 지역으로 한국은 현재 5곳이 지정되었으며, 제주도와 한탄강 권역 등이 있습니다.

<제주도(2015), 청송(2017), 무등산 권역(2018), 한탄강(2020), 전북 서해안(2023)>

결론 유네스코 유산으로 지정될 경우 해당 지역에 다양한 장점을 가져오기 때문에, 지역 발전과 문화적 가치의 보존에 있어 매우 중요한 역할을 합니다.

서론 UNESCO operates the UNESCO Heritage List to preserve globally important places for their natural and cultural values. It can be divided into five types.

본론 1) World Heritage Site is a country's tangible heritage with universal outstanding value to humanity. It includes Cultural, Natural, and Mixed heritage. Currently, Korea has 16 heritage sites, including 14 cultural and 2 natural heritage sites. The representatives are Jongmyo Shrine and Janggyeong Panjeon in Haeinsa Temple.

2) Memory of the World is a document or record to preserve humanity's memory and history. Currently, Korea has 18 of them, including the Hunminjeongeum Manuscript and the Annals of the Joseon dynasty.

3) Intangible Heritage of Humanity is the cultural expressions, traditional practices, art, social customs, and festivals of humanity. Korea currently has 22 of them, including royal ancestral rituals at the Jongmyo shrine and Pansori.

4) Biosphere Reserves are ecological areas that are protected for biodiversity and sustainable development. Korea currently has 10 designated sites, along with Seoraksan Mountain and Jeju Island.

5) Global Geoparks are areas with geological characteristics and geoscientific value. Korea currently has 5 designated sites, including Jeju Island and the Hantangang River area.

결론 The designation of UNESCO Heritage brings many advantages to local communities. Therefore, UNESCO heritage plays an important role in developing regions and preserving their cultural values.

※ 생물권 보전지역과 세계 지질공원은 제외하고 답변을 구성하셔도 됩니다.

Note

25 유네스코 유산의 효과/중요한 이유/장점 - 18,20년 출제

서론 유네스코 유산으로 지정된다는 것은 해당 지역에 **다양한 장점**을 제공합니다.

본론 1) **경제적으로** 유네스코 유산은 관광 명소로서 많은 방문객을 유치하고 관광산업을 발전시키는 데 기여합니다. 이는 지역 경제에 큰 도움이 됩니다.

2) **사회적으로** 유네스코 유산은 지역의 정체성과 소속감을 강화하여 주민들 사이에 자부심과 문화적 유대감을 형성하는 데 도움을 줍니다.

3) **문화적으로** 유네스코 유산은 문화 교류와 이해를 촉진하여 해당 지역과 국가의 국제적 인지도와 국제 교류를 증가시킵니다.

4) **환경적으로** 유네스코 유산은 지역의 환경 보전과 지속가능한 개발에 긍정적 영향을 미쳐 자연과 문화의 조화를 추구하는 데 큰 역할을 합니다.

결론 따라서 유네스코 유산은 **지역 발전과 문화적 가치의 보존**에 매우 **중요한 역할**을 합니다.

서론 The designation of UNESCO Heritage brings **several advantages** to local communities.

본론 1) **Economically,** as a tourist attraction, the Heritage attracts many visitors, developing the tourism industry and benefiting the local economy.

2) **Socially,** the heritage strengthens the locals' identity and a sense of belonging, creating pride and cultural connections among residents.

3) **Culturally,** it promotes cultural exchange and understanding, increasing international recognition and global interactions.

4) **Environmentally,** the heritage can influence the region's environmental conservation and sustainable development, pursuing harmony between nature and culture.

결론 Therefore, UNESCO heritage plays an **important role** in **developing regions and preserving their cultural values.**

Note

26 대한민국 유네스코 유산 목록(총 57개) - 18,20,21년 출제

등재 연도	세계유산(16)	세계기록유산(18)	인류무형유산(23)
1995	종묘		
	해인사 장경판전		
	석굴암/불국사		
1997	창덕궁	훈민정음해례본	
	수원화성	조선왕조실록	
2000	경주역사유적지구		
	고창, 화순, 강화 고인돌 유적		
2001		승정원일기	종묘제례와 종묘제례악
		직지심체요절	
2003			판소리
2005			강릉단오제
2007	제주 화산섬과 용암동굴	해인사 대장경판/제경판	
		조선왕조 의궤	
2009	조선왕릉	동의보감	강강술래
			남사당놀이
			영산재
			제주 칠머리당영등굿
			처용무
2010	하회와 양동마을		가곡
			대목장
			매사냥

등재 연도	세계유산 (16)	세계기록유산 (18)	인류무형유산 (22)
2011		일성록	줄타기
		5.18 민주화운동 기록물	택견
			한산 모시짜기
2012			아리랑
2013		난중일기	김치와 김장문화
		새마을운동 기록물	
2014	남한산성		농악
2015	백제역사유적지구	한국의 유교책판	줄다리기
		KBS 이산가족찾기 기록물	
2016			제주 해녀 문화
2017		조선통신사 기록물	
		국채보상운동 기록물	
		조선왕실 어보와 어책	
2018	산사, 한국의 산지 승원		씨름
2019	한국의 서원		
2020			연등회
2021	한국의 갯벌		
2022			한국의 탈춤
2023	가야 고분군	4.19혁명	
		동학농민혁명	
2024			한국의 장 담그기 문화
2025			

이렇게 준비하세요!

- **기출문제 유형**

  1. 개별 유산 설명하기
  2. 세계유산 or 기록유산 or 무형유산 전체를 설명하기
  3. 세계유산 or 기록유산 or 무형유산 중 3~5가지 설명하기
  4. 최근 지정된 유산 설명하기

- **구성 요령**

  1. **개별 유산 문제)** 정의, 특징, 중요한 이유, 등재 연도의 내용 구성
  2. **전체 설명 문제)**
     1) 면접자 본인의 유산 분류 기준 설정(종교, 시대, 지역 등으로 분류)
     2) 분류 기준에 따른 유산을 1~2가지 예시로 나열
     3) 유산 전체를 하나하나 나열하듯이 말하지 않는 것이 포인트!
  3. **3~5가지 설명 문제)**
     1) 가장 자신 있게 말할 수 있는 유산 3~5가지 선택해 답변을 구성
     2) 선택한 유산의 정의와 중요한 이유 중심으로 설명
     3) 역시 분류 기준에 맞춰 선택하면 전달력이 높아짐
  4. **최근 지정 유산 설명)**
     1) 최근 지정된 유산의 개수에 따라 분량 조절 필요

이런 점에 주의하세요

- **전체적으로 설명하는 문제일 경우 모든 유산의 이름을 언급하는 것이 아니라 자신만의 분류 기준에 따라 나누고, 대표적인 유산을 예로 들면 됩니다.**

  (ex. 세계유산은 시대별로 나눌 수 있는데, 선사시대는 고인돌, 삼국시대는 석굴암/불국사, 조선의 유산으로 종묘 등이 있습니다.)

- **여러 유산을 말해야 한다고 해서 무한정 답이 길어지는 것이 아니라 제한된 시간 안에서 (2~3분) 답변할 수 있도록 분량 및 시간 관리를 하는 것이 핵심!**

세계유산

27 종묘/Jongmyo Shrine

정의 종묘는 조선왕조 역대 왕과 왕비의 위패를 모신 사당입니다. 종묘는 왕이 국가와 백성의 안위를 기원하기 위해 문무백관과 함께 정기적으로 제사에 참여하는 공간으로 왕실의 상징성과 정통성을 보여줍니다.

특징 1395년에 창건되어 유지되다가 임진왜란 때 소실된 것을 17세기 초에 중건하였고 이후에도 필요에 따라 증축되어 현재의 모습을 갖추었습니다.

종묘는 크게 제향 영역과 준비 영역으로 구분됩니다.
제향 영역은 정전, 영녕전, 공신당 등 3개의 건물로 구성되어 있습니다.
<정전에는 19칸에 19분의 왕과 30분의 왕후를 모시고, 영녕전에는 16칸에 34위, 공신당에는 왕조에 공을 세운 공신들의 위패 83위를 모시고 있습니다>

준비 영역은 크게 전사청, 악공청, 향대청 등의 건물로 구성되어 있습니다.
<제사 그릇을 보관하고 제사 음식을 준비하는 공간인 전사청. 악사들이 제례 음악을 연습하던 악공청, 향을 피우던 향대청>

중요한 이유 종묘는 단일 목조건축물로는 우리나라에서 가장 긴 길이(101m)로 세계에서 유례가 없는 독특한 건축물이며, 유교적 전통이 지속적으로 잘 보존되고 있어 유교 연구에 중요한 역할을 한다는 점에서

등재 연도 1995년 유네스코 세계문화유산으로 등재되었습니다.

Note

정의 Jongmyo is a **shrine housing the spirit tablets of the former kings and queens of the Joseon dynasty.** The shrine is a **symbolic structure** that conveys the legitimacy of the royal family. The **king visited regularly to participate in the ancestral rites** to wish for the safety and security of the people and state.

특징 It was originally **built in 1395** but was **destroyed during the Japanese invasion** and **rebuilt in the early 17th century.**

The buildings are **categorized into 2 parts,** the enshrining and preparation parts. **The enshrining part** consists of **3 main buildings:** Jeongjeon, Yeongnyeongjeon, and Gongsindang.

<The Jeongjeon enshrines 49 tablets in 19 cubicles of kings and queens, while the Yeongnyeongjeon (Hall of Eternal Peace) holds 34 tablets in 16 cubicles, and Gongsindang holds 83 tablets of those who prominently served the dynasty>

The preparation part includes **3 main buildings.** Jeonsacheong, Akgongcheong, and Hyangdaecheong.

<Jeonsacheong is a storage area where sacrificial vessels are preserved, and sacrificial food is prepared. Akgongcheong, where musicians rehearsed ritual music; Hyangdaecheong, where incense was burned.>

중요한 이유 Jongmyo is the **longest single wooden structure in Korea (101m)** and is a unique structure in the world that **preserves the spiritual continuity of Confucianism.**

등재 연도 Jongmyo was designated as a **UNESCO World Cultural Heritage in 1995.**

※ 종묘제례와 종묘제례악(p.110)과 함께 답변을 구성해 보시기 바랍니다.

Note

28 해인사 장경판전/Haeinsa Temple Janggyeong Panjeon,the Depositories for the Tripitaka Koreana Woodblocks

정의 장경판전은 팔만대장경이라고도 불리는 팔만여 장의 목판 인쇄본을 보관하고 있는 건물로 조선 초기에 지어진 것으로 추정됩니다.

특징 장경판전에는 목판 보존을 위한 독창적인 보존 기법이 사용되었습니다.

첫째, 바람의 방향에 따라 서로 다른 크기의 창을 사용하여 온도를 조절하고, 통풍을 극대화합니다.

둘째, 점토 바닥은 숯, 소금, 횟가루, 모래로 채워 비가 오면 수분을 흡수했다가 건기에는 방출하여 공기 중의 습도를 유지했습니다.

중요한 이유 이러한 정교한 보존 기법 덕분에 팔만대장경이 오늘날까지 완벽한 조건으로 살아남을 수 있었습니다. 또한 해인사 장경판전은 15세기 건축물로서 세계 유일의 대장경판 보관용 건물이며, 전통 건축 문화를 연구하는데 귀중한 자료로 평가받고 있어

등재 연도 1995년 유네스코 세계문화유산으로 등재되었습니다.

정의 The Janggyeongpanjeon is the house that preserves the Tripitaka Koreana, contains more than 80,000 printing woodblocks, or Palman daejanggyeong, and is believed to have been constructed in the early Joseon dynasty.

특징 Several ingenious preservation techniques are utilized to preserve the wooden printing blocks.

1) Different-sized windows are used for ventilation. The windows were installed in every hall to maximize ventilation and regulate temperature.

2) The clay floors were filled with charcoal, salt, lime, and sand, which balance humidity when it rains by absorbing excess moisture and releasing it during the dry season.

중요한 이유 These sophisticated preservation measures are why the woodblocks have survived in such perfect conditions. Janggyeongpanjeon is the only building in the world to house the Tripitaka and is a valuable resource for studying traditional architecture.

등재 연도 It was listed as a UNESCO World Cultural Heritage in 1995.

※ 해인사 대장경판 및 제경판(p.97)과 함께 답변을 구성해 보시기 바랍니다.

29 석굴암과 불국사/Seokgulam grotto and Bulguksa Temple - 17,20,22년 출제

석굴암 정의 석굴암은 한국 불교의 대표적 유산이자 동아시아 불교 예술의 걸작으로 꼽히는 통일신라 시대의 인공 석굴 사원입니다.

특징 경주 토함산에 자리 잡은 석굴암은 8세기 중엽, 당시 신라 재상이었던 김대성의 주도로 완성되었습니다.

석굴암 석굴은 입구인 직사각형의 전실과 원형의 주실이 통로로 연결되어 있으며, 내부 공간에 본존불인 석가여래불상을 중심으로 그 주위 벽면에 보살상 및 제자상과 역사상, 천왕상 등 총 38구의 조각이 남아있습니다. 본존불상 뒤의 벽 한가운데에는 신라의 미소로 알려진 십일면관음보살상이 새겨져 있습니다.

중요한 이유 석굴암은 신라인의 과학, 예술, 종교, 건축의 완벽하고 이상적인 조화를 하나의 작품에 구현한 신라 최고의 업적입니다. 이러한 가치를 인정받아

등재 연도 1995년 불국사와 함께 유네스코 세계문화유산으로 등재되었습니다.

정의 Seokguram Grotto is an artificial stone cave temple that is a representative site of Korean Buddhism and a masterpiece of East Asian Buddhist art.

특징 Located on Tohamsan Mountain in Gyeongju, the Seokguram Grotto was completed in the mid-8th century under the leadership of Kim daeseong, who initiated and supervised its construction.

It consisted of a rectangular chamber, a main hall with a round chamber, and a corridor connecting the two structures. Inside the main hall, the Shakyamuni (석가모니) statue is surrounded by 38 statues along the walls, including Bodhisattvas (보살상), ten disciples, and guardian kings. In the middle of the wall behind the Buddha statue is a figure of the Eleven-faced Kwan Yin Bodhisattva (십일면관음보살상), known as the Smile of Silla kingdom.

중요한 이유 It is the finest achievement of the Silla kingdom, embodying the perfect and ideal harmony of science, art, religion, and architecture in a single entity.

등재 연도 So it was designated as a UNESCO World Cultural Heritage with the Bulguksa temple in 1995.

불국사 정의 불국사는 한국 불교의 대표적 유산이자 동아시아 불교 예술의 걸작으로 꼽히는 통일신라 시대 사찰입니다.

특징 경주 토함산에 자리 잡은 불국사는 8세기 중엽, 당시 신라 재상이었던 김대성의 주도로 완성되었습니다. 고려와 조선 시대를 거치며 여러 차례 외세의 침략으로 소실과 재건을 반복했고, 1970년 대에 걸친 발굴조사 뒤 복원해 현재의 모습을 갖추게 되었습니다.

불국사 내에는 다보탑과 석가탑, 경내로 연결되는 청운교와 백운교, 연화교와 칠보교 등 국보급 문화유산과 함께 세계에서 가장 오래된 목판 인쇄본으로 알려진 무구정광대다라니경 등이 있습니다.

중요한 이유 또한 불국사는 부처님의 세계를 구현한 신라 불교 예술의 황금기에 이룩된 걸작으로 평가받고 있으며, 이러한 가치를 인정받아

등재 연도 1995년 석굴암과 함께 유네스코 세계문화유산으로 등재되었습니다.

정의 Bulguksa Temple is the representative heritage of Korean Buddhism and is considered a masterpiece of Buddhist art in East Asia.

특징 Located on Tohamsan Mountain in Gyeongju, the Bulguksa temple was completed in the mid-8th century under the leadership of Kim daeseong, who initiated and supervised its construction.

Throughout the Goryeo and Joseon dynasties, it was repeatedly burned and rebuilt due to foreign invasions. After excavations in the 1970s, it was restored to its current state.

It has significant national treasures, including Dabotap and Seokgatap pagodas, Cheongungyo and Baekungyo, Yeonhwagyo and Chilbogyo bridge-like stairs, and one of the oldest woodblock prints (무구정광대다라니경) in the world.

중요한 이유 The temple is considered a masterpiece of the golden age of Buddhist art in the Silla kingdom, embodying Buddha’s world.

등재 연도 So it was designated as a UNESCO World Cultural Heritage with the Seokgulam Grotto in 1995.

30 창덕궁/Changdeokgung Palace Complex -17,18년 출제

정의 창덕궁은 1405년(태종 5년) 조선왕조의 이궁으로 지은 궁궐로 경복궁의 동쪽에 위치한다 하여 창경궁과 함께 동궐이라 불렀습니다.

특징 창덕궁은 조선 전기 왕실의 주요 거처로 사용되었으며, 현재 남아있는 5개의 조선 궁궐 중 가장 잘 보존되어 있는 궁궐로 그 원형이 많이 남아 있습니다. 1592년 임진왜란으로 모든 궁궐이 불에 소실되어 광해군 때 다시 지었으며, 이후 경복궁이 중건되기까지 270년 간 법궁 역할을 하였습니다.

중요한 이유 창덕궁은 자연환경과 조화를 통해 한국만의 독특한 궁궐 건축 양식을 보여주는 궁궐입니다. 후원 역시 필요한 경우 외에는 사람의 손길을 최소화하여 자연 그대로를 유지하고자 했습니다. 조화를 중시하는 한국 궁궐의 건축미를 볼 수 있다는 점에서

등재 연도 후원과 함께 1997년 유네스코 세계문화유산으로 등재되었습니다.

정의 Changdeokgung Palace was built in 1405 as the second royal palace of the Joseon dynasty. It was called Donggwol, along with the Changgyeonggung Palace because it was located east of the Gyeongbokgung Palace.

특징 It has been the main residence of the royal family and is the most well-preserved of the five remaining Joseon palaces, which still have many original features. Unfortunately, the palace was burned down in 1592 during the Japanese Invasion, and restored by King Gwanghae, and became the main palace of the Joseon dynasty for the next 270 years.

중요한 이유 Changdeokgung Palace is an exceptional example of a Korean palace that harmonizes with its natural surroundings. The rear garden was kept as natural as possible and touched by human hands when only necessary.

등재 연도 Changdeokgung Palace was added to the UNESCO World Cultural Heritage in 1997 with Rear Garden.

Note

31 수원화성/Hwaseong Fortress - 17,18,20,23,24년 출제

정의 수원화성은 경기도 수원에 있는 조선 시대의 성곽으로 조선의 22대 임금인 정조가 그의 아버지에 대한 효심을 드러내고 새로운 도시를 건설하려는 목적으로 조성하였습니다.

특징 1794에 성을 쌓기 시작하여 2년 뒤인 1796년에 완성하였으며, 성벽은 총 5.74km에 달합니다. 성곽 주변으로 4개의 문을 설치했으며, 중앙에는 화성행궁이 위치해 있습니다.
수원화성을 설계한 정약용은 '거중기'를 발명해 지렛대의 원리로 무거운 돌을 쉽게 들어 올림으로써 공사 시간과 노동력을 크게 줄였을 뿐만 아니라, <화성성역의궤>에 성곽 축조 방식 및 인부 이름, 인부 수, 돌의 출처 등 세세한 부분까지 모두 기록했습니다. 이 <화성성역의궤> 덕분에 한국전쟁 때 크게 훼손되었던 수원화성은 1970년대에 원래 상태로 복원될 수 있었습니다.

중요한 이유 전통적인 축성 기법에 더해 동양과 서양의 새로운 과학적 지식과 기술을 적극적으로 활용하였고, 군사적 목적뿐 아니라 정치적, 상업적 목적을 동시에 갖춘 성곽이라는 점에서 그 가치를 인정받아

등재 연도 1997년 유네스코 세계문화유산으로 등재되었습니다.

정의 Suwon Hwaseong Fortress is the fortress of the Joseon dynasty and was built by King Jeongjo, the 22nd king of the Joseon dynasty, to show the King's parental respect towards his father and construct a new pioneer city.

특징 The fortress was constructed from 1794 to 1796, and the wall stretches for 5.74km. Four main gates are located on each side, Hwaseong Haenggung (Temporary palace) is located in the middle of the fortress.
Jeong yakyong, who designed the fortress, invented 'Geojunggi,' which has been used as a lever to lift heavy stones, greatly reducing construction time and labor. He recorded all the details, such as the construction manual and the worker's name, how many people were involved, where the stones came from, etc., in <Hwaseong Seongyeok Uigwe>. Thanks to the record, the Suwon Hwaseong Fortress, which was heavily damaged during the Korean War, was restored to its original state in the 1970s.

중요한 이유 It utilized new scientific knowledge and technologies from the East and West in traditional construction techniques. The fortress has military, political, and commercial purposes at the same time.

등재 연도 It was designated as a UNESCO World Cultural Heritage in 1997.

32 고인돌/Gochang, Hwasun and Ganghwa Dolmen Sites

정의 고인돌은 선사 시대에 부족장이나 일반인들이 묻힌 돌무덤으로 알려져 있습니다.

특징 한국은 세계에서 고인돌이 가장 밀집된 지역으로 전 세계 약 7만 기의 고인돌 중 약 3만 기의 고인돌이 한국에서 발견되었습니다. 우리나라 고인돌은 크게 탁자식(북방식)과 바둑판식(남방식)의 두 가지 유형으로 나누어집니다.

'북방식' 또는 '탁자식' 고인돌은 2~4개의 잘 다듬어진 돌을 바닥에 놓고 그 위에 커다랗고 평평한 뚜껑돌을 덮은 형태입니다. '남방식'이라고도 불리는 '바둑판식' 고인돌은 땅속에 매장실을 만들고 큰 크기의 돌을 쌓은 형태입니다.

중요한 이유 고창·화순·강화 고인돌 유적은 높은 밀집도와 형식의 다양성으로 고인돌의 형성과 발전과정을 규명하는 중요한 유적이며 또한 선사 시대에 대한 귀중한 고고학적 정보를 제공합니다.

등재 연도 고인돌 유적은 2000년 유네스코 세계문화유산으로 등재되었습니다.

정의 Dolmens are known as stone graves that were built during the prehistoric era, where the chiefs of the tribes or ordinary people were buried.

특징 There are about 70,000 Dolmens worldwide. Approximately 30,000 dolmens remain in Korea, so Korea is the densest area for dolmens. Two types of Dolmens can be found in Korea: the table type (the northern type) and the go-board type (the southern type).

The 'northern type' or 'table type' dolmens have 2-4 well-refined flat stones, which were built on the ground and a large flat capstone covered. The go-board type, also called 'the southern type,' has a burial chamber constructed below ground with the large size of the stones.

중요한 이유 Gochang, Hwasun, and Ganghwa dolmen sites are important sites for investigating the formation and development of dolmens with their high density and diversity. It also provides valuable archaeological information about prehistoric times.

등재 연도 It was registered on the UNESCO World Cultural Heritage in 2000.

Note

33 경주역사유적지구/Gyeongju Historic Areas - 18,20,22,23년 출제

정의 약 1000년 동안 신라의 수도였던 경주는 곳곳에 문화유산이 있어 **야외 박물관**이라고도 불리는 지역으로, 경주역사유적지구는 경주에 위치한 사찰, 탑, 왕릉, 조각 등 **신라 예술의 뛰어난 유적들을 모아 놓은 지역입니다.**

특징 경주역사유적지구는 크게 **5개 지역 총 52건의 문화유산으로 구성**되어 있습니다.

1. **남산지구**에는 용장사지 삼층석탑 등 수많은 불교미술 걸작이 있습니다.
2. **월성지구**에는 동궁과 월지, 첨성대 등 신라 역사의 중심이었던 옛 궁궐터가 있습니다.
3. **대릉원지구**에는 천마총, 황남대총 등 수많은 왕릉이 산재해 있습니다.
4. **황룡사지구**에는 옛 황룡사 터와 분황사 석탑이 있는 곳입니다.
5. 마지막으로 **산성지구**에는 도성의 주요 방어 체계였던 명활산성이 있습니다.

중요한 이유 경주역사유적지구는 신라 시대의 여러 뛰어난 불교 유적과 생활 유적이 **집중적으로 분포**되어 있는 곳이고, 이들 유적을 통해 **신라 고유의 탁월한 예술성을 확인**할 수 있습니다.

등재 연도 경주역사유적지구는 **2000년 유네스코 세계문화유산**으로 등재되었습니다.

정의 Gyeongju was the capital city of the Silla kingdom for about 1000 years. Since cultural properties are on every corner, it is also called an **outdoor museum.** Gyeongju Historic Areas are **collections of outstanding examples of the Silla arts** in the form of temples, pagodas, royal tombs, and sculptures.

특징 The Gyeongju Historic Area can be **divided into five major sections with 52 cultural assets.**

1. **Namsan Mountain, or South Mountain Area,** contains several Buddhist masterpieces, including three-story pagoda at the Yongjangsa temple site.
2. **The Wolseong area** includes the original palace site, which was the center of Silla's history, with Donggung Palace and Wolji Pond, Cheomseongdae astronomical tower, etc.
3. **The Daeryeungwon Area** has many royal tombs such as Cheonmachong and Hwangnamdaechong, making this district a giant graveyard.
4. **The Hwangryongsa temple area** is where the former sites of the Hwangryongsa Temple and Bunhwangsa Temple Stone Pagoda are located.
5. Lastly, **the Sanseong Area,** the major defense system for the capital city, consists of Myeonghwalsanseong Fortress.

중요한 이유 The Gyeongju Historic Area is the site of many **outstanding Buddhist monuments and remains** of the Silla kingdom, and we can see the **exceptional artistic beauty of the Silla kingdom.**

등재 연도 The Gyeongju Historic Area was registered as **UNESCO World Cultural Heritage in 2000.**

34 제주 화산섬과 용암동굴/Jeju Volcanic Island and Lava Tubes - 16,18년 출제

정의 제주도는 180만 년 전 시작된 화산 활동으로 형성된 섬으로 제주 화산섬과 용암동굴은 **화산 활동을 이해하는 데 크게 기여하는 제주도의 세 지역**을 의미합니다.

특징 제주 화산섬과 용암동굴은 **한라산 천연보호구역, 성산일출봉, 거문오름 용암동굴계** 등 3 곳으로 구성되어 있습니다:

1. 해발 1,950m에 달하는 **한라산**은 남한에서 가장 높은 산으로 **생물 다양성이 뛰어나 연구 가치가 높은 곳**입니다. 한라산 천연보호구역은 독특한 지형적 특징과 희귀 동식물이 서식하는 생태계를 보여줍니다.
2. **성산일출봉**은 5,000년 전 수중 분출로 형성된 수성화산으로 제주도의 동쪽 끝자락에 위치해 있으며 **고대 화산 활동에 대한 지질학적 연구**에 중요한 자료로 활용되고 있습니다.
3. **거문오름 용암동굴계**는 만장굴, 김녕굴, 용천동굴, 당처물동굴, 벵뒤굴을 포함하는 **세계 최고의 용암동굴계로 평가**받고 있습니다. 거문오름 용암동굴계의 동굴들은 생성연대가 오래되었으며, 규모가 크고 보존 상태 또한 뛰어납니다.

중요한 이유 제주 화산섬과 용암동굴은 **화산 활동을 이해하는데 귀중한 유산**이며, **뛰어난 지질학적 특징**과 다양한 희귀 및 멸종 위기에 처한 종들이 서식하는 **특별한 생태학적 특성**을 동시에 지니고 있습니다.

등재 연도 **2007년** 유네스코 **세계자연유산**으로 등재되었습니다.

정의 Jeju Island was formed through volcanic activity that started 1.8 million years ago, and the Jeju Volcanic Island and Lava Tubes refer to **three areas of Jeju Island** that contribute significantly to **the understanding of volcanic activity.**

특징 The Jeju Volcanic Island and Lava Tubes **largely comprise three sites:** Mt. Hallasan Natural Reserve, Seongsan Sunrise Peak, and Geomunoreum Lava Tube System.

1. **Hallasan mountain** which rises 1,950m above sea level is the highest mountain in South Korea and has **outstanding research value for its biodiversity.** Hallasan Natural Reserve shows a unique ecosystem featuring distinctive geographical features and rare animals and plants.
2. **Seongsan Sunrise Peak** was formed by an underwater eruption at the eastern tip of the island. It is an important resource for **geological studies on ancient volcanic activities.**
3. **The Geomunoreum Lava Tube System** is regarded as the **finest lava tube system of caves in the world,** which includes Manjanggul, Gimneyonggul,

Yongcheondonggul, Dangcheomuldonggul, and Bendigul Cave (만장굴, 김녕굴, 용천동굴, 당처물동굴, 벵뒤굴). As all the tubes are exceptionally magnificent and ancient, the condition of preservation is amazing.

중요한 이유 The Jeju Volcanic Island and Lava Tubes are **important heritage sites for understanding volcanic activity** with **outstanding geological and ecological features** and a variety of rare and endangered species.

등재 연도 **In 2007,** UNESCO's World Heritage Committee listed Jeju Volcanic Island and Lava Tubes as a **World Natural Heritage.**

Note

35 조선왕릉/Royal Tombs of the Joseon Dynasty - 17,20년 출제

정의 조선왕릉은 27대에 걸친 조선왕조의 왕과 왕비가 세상을 떠난 후 모시는 왕실의 무덤입니다.

특징 조선왕릉은 선대 왕과 그들의 업적을 기리고 존경을 표하기 위해 조성되었습니다. 서울과 경기도 전역에 40기(유배 중 영월 지역에서 사망한 단종의 왕릉인 장릉 제외)의 왕릉이 있으며, 북한에 2기가 있습니다. 조선왕릉의 위치는 수도인 한양 중심부에서 40km 이내에 풍수와 유교적 신념에 따라 선정되었습니다.

중요한 이유 조선왕릉은 독특한 왕릉 건축양식을 만들었다는 점, 500년 왕조의 모든 왕릉이 종합적으로 보존되어 있는 점, 유교적-지리학적 전통에 따라 결정된 지정학적인 의미 등으로 인해

등재 연도 2009년 유네스코 세계문화유산으로 등재되었습니다.

정의 Royal tombs are where 27 generations of the Joseon dynasty's kings and queens rest in peace after they passed away.

특징 They were built to honor and respect the ancestors and their achievements. There are 40 royal tombs throughout Seoul and Gyeonggi Province (except for Jangryeung, the royal tomb of King Danjong, who died in the Youngwol area during the exile), and two are in North Korea. The sites for the royal tombs of the Joseon dynasty were chosen based on geomantic traditions and Confucian beliefs within 40 km of the center of Hanyang, the capital.

중요한 이유 Royal tombs of the Joseon dynasty are such important heritages due to their unique royal tomb architecture, the comprehensive preservation of all of the tombs for 500 years, and their locations, which were decided by Confucian and geomantic traditions.

등재 연도 The 40 Royal Tombs of the Joseon dynasty were registered on the UNESCO World Cultural Heritage in 2009.

Note

36 하회&양동마을/Historic Villages of Korea: Hahoe and Yangdong - 20,22년 출제

정의 안동 하회마을과 경주 양동마을은 한국에서 가장 오랜 역사를 가지고 있는 조선 시대 전통 씨족마을입니다.

특징 두 마을 모두 한국의 유교 및 양반 문화의 본거지이자 '한국의 역사 마을'로 꼽히는 곳으로 하회는 풍산 류씨, 양동은 경주 손씨와 여주 이씨의 종손들이 살고 있는 마을입니다. 또한 두 마을은 전통적인 풍수 원칙에 따라 세워졌습니다.
특히 하회마을은 마을의 무사 안녕과 번영을 기원하는 전통 공연인 별신굿 탈놀이와 양반들의 놀이 문화였던 선유 줄불놀이 등 다양한 전통 예술이 잘 남아 있습니다.

중요한 이유 두 마을은 한국 씨족마을의 전통적인 공간구성을 온전하게 유지하면서도 유교문화, 양반문화, 민속 문화가 현재까지 이어져 내려오는 매우 드문 사례입니다.

등재 연도 2010년 유네스코 세계문화유산으로 지정되었습니다.

정의 Hahoe and Yangdong villages are Korea's longest-surviving and most well-preserved traditional clan villages since their establishment in the Joseon dynasty.

특징 Both villages are regarded as 'historic villages of Korea,' the home of Korea's Confucian and noble class cultures. Hahoe is the village of the Pungsan Ryu clan, whereas Yangdong is that of Gyeongju Son and Yeoju Yi. Each village was established on a site chosen according to the traditional principles of feng shui.
Hahoe Village has preserved a variety of traditional arts, such as the Byeolsingut Talnori (별신굿 탈놀이), a traditional performance to pray for the well-being and prosperity of the village, and the Seonyu Julbulnori (선유 줄불놀이), which was the entertainment culture of the noble class.

중요한 이유 The two villages are a few examples of Korean clan villages that have retained their original village layout and tradition, including Confucian culture, Yangban culture, and folk culture, to the present.

등재 연도 It was designated UNESCO World Cultural Heritage in 2010.

37 남한산성/Namhansanseong - 17년 출제

정의 남한산성은 경기도 광주시 남한산 일대에 축조된 조선 시대의 산성으로 1624년 인조 때 수도를 방어하기 위해 만들어졌습니다.

특징 남한산성은 총 길이 약 12km에 달하며 주변 산등성이와 나란히 배치해 방어 능력을 극대화했습니다. 가장 오래된 산성 유적은 7세기경 축조된 것으로 추정되며, 이후 여러 차례 개축되었으나 특히 조선 시대에는 청나라의 공격을 방어하기 위해 대대적인 정비가 이루어졌습니다. 다른 성곽과 달리 유사시 왕과 백성이 머무는 임시 수도로 사용되었기 때문에 내부에는 성곽뿐만 아니라 행궁, 종묘, 사직단도 남아 있습니다.

중요한 이유 남한산성은 16~18세기 아시아 국가들 간의 폭넓은 군사 무기 교류를 보여주는 동시에 7세기부터 17세기까지 약 천 년간 우리나라 산성 축성 기술의 발전과 교류를 보여주는 훌륭한 사례입니다.

등재 연도 2014년 유네스코 세계문화유산으로 등재되었습니다.

정의 Namhansanseong is a fortress of the Joseon dynasty built around Namhansan Mountain in Gwangju, Gyeonggi-do Province. It was intended to be built to protect the capital city, Hanyang, in 1624, during the reign of King Injo.

특징 It is about 12km long and aligns with the surrounding mountain ridges to maximize its defensive ability. Its earliest remains date from the 7th century, and it was rebuilt several times, most notably in the Joseon dynasty, for defense from an attack by China.

Unlike other fortresses, it was supposed to be a temporary capital city in case of an emergency where the king and his people stayed so that we could find a fortress and a palace, Jongmyo shrine, and Sajikdan altar inside.

중요한 이유 Namhansanseong embodies the broad exchange of military weapons between Asian countries during the 16th and 18th centuries. Also, it shows an excellent example of the development and interchange of fortress construction in Korea during the 7th and 17th centuries.

등재 연도 It was inscribed on the UNESCO World Cultural Heritage in 2014.

Note

38 백제역사유적지구/Baekje Historic Areas

정의 백제는 기원전 18년부터 660년까지 700여 년 동안 존재한 **한반도 고대 국가 중 하나**로 백제역사유적지구는 **백제의 여러 시기에 걸쳐 축조된 유적지**로 이루어진 유산입니다.

특징 백제역사유적지구는 **공주, 부여, 익산 등 3개 지역 8곳 유산으로 구성**되어 있으며 왕궁과 산성, 왕릉, 사찰, 기타 고고학 유적지를 포함하고 있습니다. 세부적으로 충남 공주시에는 공산성, 무령왕릉과 왕릉원 등 2곳, 충남 부여군은 관북리 유적과 부소산성, 부여 왕릉원, 정림사지, 부여 나성 등 4곳, 전북 익산시는 왕궁리 유적, 미륵사지 등 2곳입니다.

중요한 이유 백제역사유적지구는 **한국, 중국, 일본 고대 동아시아 국가들** 간의 기술, 종교, 문화, 예술 등 **상호 교류 역사**를 잘 보여줌과 동시에 **백제의 내세관·종교·건축·예술 등을 연구하는 자료**로 그 중요성을 인정받아

등재 연도 **2015년 유네스코 세계문화유산**으로 지정되었습니다.

정의 The Baekje kingdom was **one of the ancient kingdoms of the Korean Peninsula** for over 700 years, from 18 BC to 660 AD. The Baekje historic areas are **a collection of sites** built over the different periods of the Baekje kingdom.

특징 The sites are scattered from **Gongju and Buyeo** in Chungnam Province to **Iksan** in Jeonbuk Province and include **eight sites** with royal palaces, fortresses, tombs, temple sites, and other archaeological sites. It includes,

지역	공주(2)	부여(4)	익산(2)
왕궁	Gongsanseong fortress	Archaeological Site in Gwanbuk-ri and Busosanseong Fortress	Archaeological Site in Wanggung-ri
산성		Naseong city wall	
왕릉	Tomb of King Muryeong and Royal Tombs	Buyeo Royal Tombs	
사찰		Jeongrimsa Temple site	Mireuksa Temple site

중요한 이유 Baekje kingdom was at the **crossroads of considerable** technological, religious, cultural, and artistic **exchanges between the ancient East Asian kingdoms.** Baekje Historic Areas have also been recognized as a **resource for studying the Baekje kingdom**'s afterlife, religion, architecture, and art.

등재 연도 It was designated **UNESCO World Cultural Heritage in 2015.**

39 산사, 한국의 산지 승원/Sansa, Buddhist Mountain Monasteries in Korea

정의 산사, 한국의 산지 승원은 오늘날까지 종교적인 수행, 신앙, 생활을 유지하고 있는 **7개 산지형 사찰로 이루어진 유산**입니다.

특징 한국의 산사는 **양산 통도사, 영주 부석사, 안동 봉정사, 보은 법주사, 공주 마곡사, 순천 선암사, 해남 대흥사** 등 7개 사찰로 대부분 한국의 **중남부 지방에 위치**하고 있습니다. 이 사찰들은 모두 **7세기에서 9세기 사이**에 세워진 **최소 1,000년 이상 된 사찰**들로, 고요한 환경에서 **명상을 중시하는 한국 불교 전통에 따라 산지에 축조**되었습니다.

중요한 이유 한국의 산사는 다른 나라의 사찰과는 달리 오랜 시간에 걸쳐 산지형 사찰이라는 **한국만의 독특한 건축양식**을 만들었고, **현재까지도 신앙·수행·일상생활의 중심지로 살아 숨 쉬고 있다는 의미**를 인정받아

등재 연도 **2018년 유네스코 세계문화유산**으로 등재되었습니다.

정의 Sansa, Buddhist Mountain Monasteries, is the legacy of **seven mountain temples** that still maintain their religious practice, faith, and daily life.

특징 Buddhist Mountain Monasteries in Korea are **located throughout the southern provinces** of the Korean Peninsula, and there are **seven Buddhist temples**: Tongdosa, Buseoksa, Bongjeongsa, Beobjusa, Magoksa, Seonamsa, and Daeheungsa Temple (통도사, 부석사, 봉정사, 법주사, 마곡사, 선암사, 대흥사).
These temples are **at least 1,000 years old,** all established **between the 7th and 9th** centuries. These temples were constructed in mountainous areas according to the Korean Buddhist tradition, which **focuses on meditation in a calm environment.**

중요한 이유 The Sansa temples differ from those of other countries, which have **created Mountain Monasteries, a unique Korean architectural style.** They **have still survived as living centers** of religious practice, faith, and daily life.

등재 연도 It was designated **UNESCO World Cultural Heritage in 2018.**

Note

40 한국의 서원/Seowon, Korean Neo-Confucian Academies

정의 서원은 조선 시대에 학업적 성취가 뛰어난 성리학자를 기리고 후학을 교육하기 위해 설립된 한국의 사립 교육 기관으로, 한국의 서원은 전국의 9개 서원으로 이루어진 유산입니다.

특징 9개 서원은 소수서원(경북 영주), 남계서원(경남 함양), 옥산서원(경북 경주), 도산서원(경북 안동), 필암서원(전남 장성), 도동서원(대구 달성), 병산서원(경북 안동), 무성서원(전북 정읍), 돈암서원(충남 논산)으로 대한민국의 충청 이남 지역에 위치해 있습니다. 조선 시대는 성리학이 지배적인 사회로, 서원은 교육 기관을 넘어 지방 사림 사이에서 정책과 국정을 논의하는 주요 장소이기도 했습니다.

중요한 이유 서원은 성리학을 지방으로 확산하는 데 중요한 역할을 했으며, 한국 서원의 특성을 통해 서원 건축의 발전 과정을 알 수 있기에 그 중요성을 인정받아

등재 연도 2019년 유네스코 세계문화유산에 등재되었습니다.

정의 Seowon is a private Confucian academy in Korea established during the Joseon dynasty to honor renowned Confucian scholars and educate the students. This heritage consists of nine Seowons nationwide.

특징 Nine academies include Sosuseowon, Namgyeseowon, Oksanseowon, Dosanseowon, Pilamseowon, Dodongseowon, Byeongsanseowon, Museongseowon, Donamseowon (소수서원, 남계서원, 옥산서원, 도산서원, 필암서원, 도동서원, 병산서원, 무성서원, 돈암서원) and these are located across the central and southern parts of Korea. They were also key venues for discussing social and state affairs among local noble class during the Neo-Confucianism-dominated Joseon dynasty.

중요한 이유 Seowon played a role in diffusing neo-Confucianism further into rural areas. It also shows the development of Seowon architecture in Korea.

등재 연도 It was inscribed on the UNESCO World Cultural Heritage in 2019.

Note

41 한국의 갯벌/Getbol, Korean Tidal Flats

정의 한국의 갯벌은 우리나라 **서남해안에 위치한 4개 구역**으로 서천갯벌(충남 서천), 고창갯벌(전북 고창), 신안갯벌(전남 신안), 보성-순천갯벌(전남 보성-순천)으로 구성돼 있습니다. (신안 갯벌이 1100㎢로 가장 넓고, 나머지 갯벌 면적은 각각 60㎢ 안팎)

특징 한국의 갯벌은 지질학적, 해양학적, 기후학적 조건이 복합적으로 작용해 **연안의 다양한 퇴적계가 발달한 곳**으로 세계적으로 멸종 위기에 처한 22종을 포함하여 2,150종의 동식물이 서식하는 등 **높은 수준의 생물 다양성**을 보유하고 있습니다.

중요한 이유 한국의 갯벌은 **지구 생물다양성의 보존**을 위해 세계적으로 가장 중요하고, 의미 있는 서식지 중 하나이며, 특히 **멸종 위기 철새의 기착지**로서의 가치가 크므로

등재 연도 **2021년 유네스코 세계자연유산**으로 지정되었습니다.

정의 Situated on the southwestern and southern coast of Korea, the Getbol site **comprises four parts**: Seocheon, Gochang, Shinan, Bosung-suncheon.

특징 The site exhibits a complex combination of geological, oceanographic, and climatological conditions that have **developed diverse coastal sedimentary systems.** Getbol hosts **high levels of biodiversity** with 2,150 species of flora and fauna, including 22 globally threatened species.

중요한 이유 Getbols are one of the world's most important and significant habitats for **global biodiversity conservation,** especially as **a stopover for endangered migratory birds.**

등재 연도 It was designated **UNESCO World Natural Heritage in 2021.**

Note

42 가야 고분군/Gaya Tumuli

정의 가야 고분군은 기원전 1세기부터 6세기까지 한반도에 존재했던 고대 문명 가야를 대표하는 7개 고분군으로 이루어진 연속 유산입니다.

특징 7개 고분군은 경남 김해 대성동 고분군, 경남 함안 말이산 고분군, 경남 합천 옥전 고분군, 경북 고령 지산동 고분군, 경남 고성 송학동 고분군, 경남 창녕 교동과 송현동 고분군, 전북 남원 유곡리와 두락리 고분군입니다.

이 7기의 고분은 낙동강변 구릉지대에 위치하고 있으며, 4~5세기에 축조된 고분 건축 양식을 보여줍니다. 또한 가야 고분군에는 가야의 교역망과 수공예품 제작을 보여주는 부장품과 공예품이 전시되어 있습니다.

중요한 이유 이처럼 잘 보존된 가야 연맹체의 고분은 뚜렷한 정치체제를 갖춘 가야 문화를 보여주는 중요한 고고학적 증거라는 점과 동아시아 고대 문명의 다양성을 보여준다는 점에서 의미가 있습니다.

등재 연도 2023년 유네스코 세계문화유산으로 지정되었습니다.

정의 The Gaya tumuli are a series of seven tombs representing the Gaya Confederacy, which existed on the Korean Peninsula from the BC 1st to the 6th centuries.

특징 The seven tombs are Gimhae Daeseong-dong Tumuli, Haman Marisan Tumuli, Hapcheon Okjeon Tumuli, Goryeong Jisan-dong Tumuli, Goseong Songhak-dong Tumuli, Changnyeong Gyo-dong and Songhyeon-dong Tumuli, and Namwon Yugok-ri and Durak-ri Tumuli (대성동 고분군, 말이산 고분군, 옥전 고분군, 지산동 고분군, 송학동 고분군, 교동과 송현동 고분군, 유곡리와 두락리 고분군).

These seven tumuli are located in hilly areas along the Nakdonggang River and display the architectural style of tombs built in the 4th and 5th centuries, along with burial accessories and goods showing Gaya's network of trade and handcrafted manufacturing.

중요한 이유 Such well-preserved tumuli of the Gaya Confederacy are significant because they serve as important archaeological evidence of the Gaya culture with its distinct political system and show the diversity of ancient civilizations in East Asia.

등재 연도 It was designated UNESCO World Cultural Heritage in 2023.

세계기록유산

43 훈민정음해례본/Hunminjeongeum Manuscript - 18,20년 출제

정의 훈민정음은 '백성을 가르치는 바른 소리'라는 뜻으로 한글이 처음 만들어졌을 때 이름입니다. 훈민정음해례본은 새로 만든 문자 '훈민정음'의 창제 목적과 이 문자의 음가 및 운용법, 그리고 이들에 대한 해설과 용례를 붙인 책입니다.

특징 훈민정음해례본은 33장으로 세종이 직접 작성한 '예의' 부분과 정인지를 비롯하여 집현전 8명의 학자들이 만든 '해례' 두 부분으로 구성되어 있습니다. '예의'는 세종의 훈민정음 서문과 새 문자 훈민정음을 만든 목적과 취지를 밝혔습니다. '해례'는 문자의 도안과 철학적 원리를 담고 있으며, 자음-모음 조합의 예와 함께 28개의 각 글자에 대해 설명합니다.

중요한 이유 새로 만든 문자의 창제 원리와 사용법을 해설한 책을 간행한 일은 세계 어디에서도 찾아볼 수 없는 사례로 훈민정음해례본은 독창적이고 과학적인 저작물입니다. 따라서 이 책은 학술사적으로나 문화사적인 면에서도 중요한 가치와 의의를 갖습니다.

등재 연도 이러한 중요성을 인정받아 1997년 유네스코 세계기록유산에 등재되었습니다.

정의 Hunminjeongeum means 'Proper Sounds to Instruct the People' and was the name given to Hangeul when it was first created. The Hunminjeongeum Manuscript is a book that explains the purpose of the newly created Hunminjeongeum and how to use it, along with explanations and examples of its usage.

특징 The Hunminjeongeum Manuscript is 33 pages and consists of two parts: The first part (예의), written by King Sejong himself, contains a preface at his purpose in creating the new alphabet. The second part (해례), written by eight scholars of Jiphyunjeon, has design of the letters and philosophical principles of the alphabet and explains each of the 28 letters, with examples of consonant-vowel combinations.

중요한 이유 This is a unique example in the world that explains the principles of creation and the usage of newly created characters. The Hunminjeongeum Manuscript is an innovative and scientific work. Thus, it has significant academic and cultural value.

등재 연도 It was registered in the UNESCO Memory of the World in 1997.

※ 한글(p.138)과 함께 답변을 구성해 보시기 바랍니다.

44 조선왕조실록/The Annals of the Joseon Dynasty - 19,20년 출제

정의 조선왕조실록은 조선왕조의 시조인 태조부터 철종까지 25대 472년간(1392~1863)의 역사를 연월일 순서에 따라 편년체로 기록한 역사 기록물입니다.

특징 조선왕조실록은 정치와 외교, 군사, 법률, 경제, 산업, 교통, 통신, 사회제도, 풍속과 예절, 예술과 공예, 종교 등 조선 왕조의 역사와 문화를 총망라한 888권의 책으로 구성되어 있습니다. 실록은 당대 왕이 죽은 뒤에 출판되어 엄격한 관리하에 보존되었고, 더욱 안전하게 보존하기 위해 전국 네 곳에 위치한 사고에 각각 1부씩 보관했습니다.

중요한 이유 조선왕조실록은 세계의 동일한 역사 기록물 중 단일 왕조의 최장기간을 다룬 역사 기록물이며 그 역사 기술에 있어 매우 진실성과 신빙성이 높은 역사 기록이라는 점에서 의의가 크다고 할 수 있습니다.

등재 연도 이러한 중요성을 인정받아 1997년 유네스코 세계기록유산에 등재되었습니다.

정의 Joseonwangjo sillok, The Annals of the Joseon dynasty are historical record of the Joseon dynasty, from King Taejo to the end of King Cheoljong covering 472 years (1392 -1863).

특징 It comprises 888 books covering the historical and cultural aspects of the Joseon dynasty, including politics and diplomacy, military affairs, law, economics, industry, transportation, communications, social systems, customs and manners, arts and crafts, and religion. When a king died, the annals of his reign were published posthumously and preserved in the historical archives under strict management. To further safeguard them, a set of annals was deposited in each of the four archives in different locations nationwide.

중요한 이유 The Annals of the Joseon dynasty are significant because they cover the longest period of a single dynasty in the world and are highly authentic and reliable in their historical description.

등재 연도 It was registered in the UNESCO Memory of the World in 1997.

Note

45 직지심체요절/Anthology of Great Buddhist Priests' Zen Teachings

정의 직지심체요절은 **선불교의 핵심을 담고 있는 불교 서적**으로 부처님과 여러 고승의 가르침을 담은 문집입니다.

특징 직지는 고려 말인 **1377년 백운화상**이 편찬한 책으로 **청주의 흥덕사**에서 **금속활자를 이용**해 인쇄되었습니다. 직지는 **본래 상, 하 2권으로 인쇄**되었으나 상권은 아직까지 발견되지 않았고, 하권만 프랑스 국립도서관에 소장되어 있습니다.

중요한 이유 직지는 **금속활자로 인쇄된 현존하는 책 중 세계에서 가장 오래된 것**으로, 15세기 요하네스 구텐베르크의 42구절 성경보다 약 78년 앞서 간행되었습니다. 이는 인류의 **인쇄 역사상 매우 중요한 기술적 변화**를 보여주고 있습니다.

등재 연도 **2001년 유네스코 세계기록유산에 등재**되었습니다.

정의 The Jikji is a Buddhist book that contains the **essentials of Zen Buddhism** and is a collection of teachings from Buddha and masters.

특징 This book was compiled by the **Buddhist monk Baek-un** in **1377**, **in the late Goryeo** period. It was printed in the **Heungdeoksa Temple in Cheongju,** using **movable metal types.**
Although the Jikji **consists of two books**, the first volume has not been found yet, and only the second volume is currently kept at the National Library in France.

중요한 이유 The Jikji is the **world's oldest extant book printed with movable metal type.** It was published 78 years before Johannes Gutenberg's 42-line Bible in 15C, representing a **significant technological change in printing history.**

등재 연도 UNESCO included it in the **UNESCO Memory of World in 2001.**

Note

46 승정원일기/Diaries of the Royal Secretariat

정의 승정원일기는 조선 시대 왕실 비서실인 승정원의 일상 기록으로, 궁중의 행사와 공식 일정 등을 매일 기록한 업무 일기입니다.

특징 승정원일기는 국가의 중요 행사에서부터 왕의 소소한 일상까지, 왕을 면밀히 관찰하여 기록한 방대한 양의 정통 역사 기록물입니다. 조선 개국 초부터 승정원일기를 작성했으나, 임진왜란 등 전란에 소실되어 1623년(인조 1년)부터 1910년(순종 4년)까지 288여 년간 총 3,243권의 일기만이 현존합니다.

중요한 이유 승정원일기는 세계에서 가장 방대한 사료로써 역사적 가치를 높이 평가받고 있으며(글자수 약 2억 4,250만 자/조선왕조실록 - 약 5천만 자) 조선왕조실록 등의 일차적 사료로 활용되는 중요한 기록물로

등재 연도 2001년 유네스코 세계기록유산에 등재되었습니다.

정의 Seungjeongwon Ilgi, the Diaries of the Royal Secretariat, is a daily record of Seungjeongwon, the Royal Secretariat, during the Joseon dynasty, which records the daily events and official schedules of the court.

특징 The Seungjeongwon Ilgi has a vast amount of authentic historical recordings with close observation of the kings, including not only important national events but also simple routines such as the personal life of the King. It was initially recorded from the beginning of the Joseon dynasty, but they were burned to ashes during the Japanese invasions and other fire accidents, and 3,243 diaries from 1623 to 1910 for 288 years have survived.

중요한 이유 It is highly recognized for its value as the world's most extensive historical source and served as the primary source for the Annals of the Joseon dynasty.

등재 연도 It was registered as the UNESCO Memory of the World in 2001.

Note

47 조선왕조 의궤/The Royal Protocols of the Joseon Dynasty

정의 한국의 고유한 기록유산인 의궤는 조선왕조 500여 년간의 왕실 의례에 관한 기록물로, 왕실의 중요한 의식과 의례를 글과 그림으로 기록하여 보여주고 있습니다.

특징 의궤는 3,895권이 넘는 책으로, 조선 시대의 혼인·장례·연회·외국 사절 환대와 같은 중요한 의식과, 왕실의 여러 가지 문화 활동, 궁궐 건축과 묘 축조에 관한 내용도 자세히 담고 있습니다.
조선 건국 초기부터 의궤가 제작되었으나 임진왜란으로 모두 소실되어 현재 전해지는 의궤로는 1601년(선조 34년)에 만들어진 의인왕후 장례에 대한 것이 가장 오래된 것입니다. 의궤는 1866년 병인양요 때 프랑스군에 약탈되어 파리 국립도서관에 보관되어 있었으나 2011년 한국으로 반환되었습니다.

중요한 이유 의궤를 통해 오랜 시간에 걸친 왕실 의례의 변화를 알 수 있고, 동시대 동아시아 다른 문화와 자세하게 비교할 수 있다는 점에서 그 가치를 인정받아

등재 연도 2007년 유네스코 세계기록유산으로 지정되었습니다.

정의 The Uigwe, which means 'a model for rituals,' records all the major state ceremonies and rituals of the Joseon dynasty through text and illustration.

특징 The Uigwe comprises over 3,895 books, covering not only royal weddings, funerals, and banquets but also contains instructions for constructing royal buildings and burial sites and the cultural activities of the royal family.
From the beginning of the Joseon dynasty, Uigwe were produced, but they were all destroyed during the Japanese Invasion. The oldest surviving Uigwe is the one about the funeral of Queen Uiin (의인왕후), created in 1601. The French Army stole some of the Uigwe in 1866 and returned to Korea in 2011.

중요한 이유 The Uigwe makes it possible to understand the changes over time in royal ceremonies and allows for detailed comparisons with other East Asian cultures.

등재 연도 They were listed on the UNESCO Memory of the World in 2007.

Note

48 해인사 대장경판 및 제경판
Printing woodblocks of the Tripitaka Koreana and miscellaneous Buddhist scriptures - 19,20년 출제

정의 해인사 대장경판 및 제경판 은 한국 불교 경전 모음집인 **고려대장경과 그 외 불교 관련 서적을 간행할 수 있는 목판**입니다.

특징 대장경판은 이를 구성하는 **목판의 판수 때문에 흔히 '팔만대장경'**으로 불립니다. 약 8만여 목판에 새긴 대장경판은 **국가의 후원**에 의해 만들어졌으며, **1236년부터 16년에 걸쳐 완성**해 현재 합천 **해인사에 보관**되어 있습니다.

중요한 이유 팔만대장경은 현존하는 불교 대장경판 중 세계에서 **가장 오래되었으며, 가장 정확하고 완벽하다고 알려져 있고,** 제작된 후 오늘날까지 장경판전에서 **완벽하게 보존**되어 있다는 점을 인정받아

등재 연도 **2007년 유네스코 기록유산으로 등재**되었습니다.

정의 The Printing Woodblocks of the Tripitaka Koreana and Miscellaneous Buddhist scriptures (팔만대장경 및 제경판) is a **woodblock collection that prints the Goryeo Daejanggyeong and other Buddhist-related books.**

특징 The collection is generally known as **PalmanDaejanggyeong (팔만대장경), or Tripitaka Koreana, consisting of over 80,000 woodblocks.** The Tripitaka Koreana was created as a **national project** that began in **1236, and took 16 years to complete,** and is now **stored at Haeinsa Temple** in Hapcheon.

중요한 이유 The Tripitaka Koreana is now **known to be the oldest, most accurate, and most complete Buddhist canon** in the world. Since its creation, it has been **perfectly preserved** in the Janggyeongpanjeon Pavilion.

등재 연도 It was inscribed on the **UNESCO Memory of the World List in 2007.**

※ 세계문화유산인 장경판전(p74)과 함께 답변을 구성해 보시기 바랍니다.

Note

제3장 유네스코 유산

49 동의보감/Principles and Practice of Eastern Medicine

정의 동의보감은 1613년 우리나라에서 편찬된 의학지식과 치료법에 관한 백과사전적 의서로 '동양 의학의 이론과 실제'라는 의미입니다.

특징 동의보감은 왕명에 따라 의학 전문가들의 협력 아래 허준이 편찬하였습니다. 동의보감은 총 25권으로(목차 2권, 의학 내용 23권) 전체 구성은 내경편, 외형편, 잡병편, 탕액편, 침구편 등 다섯 편으로 이루어져 있습니다. 다양한 질병의 치료방법을 담아 누구나 활용할 수 있게 만들었을 뿐 아니라 병의 발생 원인까지 상세하게 밝혔기 때문에 학술서로도 손색이 없습니다.

중요한 이유 동의보감은 조선의 의학 이론뿐만 아니라 동아시아 각국의 의학 이론이 총망라되어 있다는 점, 발간된 지 400여 년이 지났지만 원형이 잘 보존되어 여전히 현대 의학 연구의 기초가 되고 있다는 점에서 그 가치를 인정받아

등재 연도 2009년 유네스코 기록유산으로 등재되었습니다.

정의 The Dongui Bogam, compiled in 1613 in Korea, is an encyclopedic medical text that covers medical knowledge and treatment methods. Its name means "Theories and Practices of Eastern Medicine.

특징 It was compiled by Heo Jun, with the cooperation of medical experts. The Dongeuibogam consists of 25 volumes divided into five chapters: Internal Medicine, External Medicine, Miscellaneous Medicine, Herbal Medicine, and Acupuncture (내경편, 외형편, 잡병편, 탕액편, 침구편). It helps anyone access remedies for various diseases. Also, it has the academic value of its details for preventing the disease.

중요한 이유 It covers not only the Korean medical theories of the time but also medical theories from all over East Asia. Though 400 years have passed since its publication, Dongeuibogam has been well preserved in its original form and is still referred to in modern medicine for continued research.

등재 연도 It was listed on the UNESCO Memory of the World in 2009.

Note

50 일성록/Records of Daily Reflections

정의 일성록은 1760년(영조 36년) 1월부터 1910년(융희 4년) 8월까지 조선 후기 151년간의 국정 운영 내용을 매일 일기체로 정리한 국왕의 일기입니다.

특징 일성록의 모태가 된 것은 정조가 세손 시절부터 직접 자신의 언행과 학문을 기록한 일기인 『존현각일기』 였습니다. 초기 왕의 입장에서 펴낸 일기의 형식을 갖추고 있으나 실질적으로는 정부의 공식적인 기록물로 총 2,329책으로 구성되어 있습니다.

중요한 이유 전근대 군주제 국가의 왕이 통치를 돌아보고 향후 국정 운영의 참고 자료로 활용하기 위해 기록한 일기로 세계적으로도 유례가 드문 사례입니다. 조선왕조실록, 승정원일기와 함께 조선시대 주요 사료이자 중요한 역사적 기록으로 그 중요성을 인정받아

등재 연도 2011년 유네스코 세계기록유산으로 등재되었습니다.

정의 Ilseongrok is the king's diary, a daily record of state affairs for 151 years of the late Joseon dynasty, from 1760 to 1910.

특징 Ilseongrok originated from 『Jonhyeongak Ilgi』, the diary kept by King Jeongjo since his youth, in which he reflected on his daily life and academic progress. Although it is a diary from the king's point of view, it is an official government record with 2,329 books.

중요한 이유 It is a unique example of a diary kept by the kings of a pre-modern monarchy to reflect on their rule and use it as a reference for future state administration. It is the primary historical source and vital historical records, along with the Annals of the Joseon dynasty (조선왕조실록) and the Diaries of the Royal Secretariat (승정원일기).

등재 연도 It was listed in the UNESCO Memory of the World in 2011.

Note

1980년 인권기록유산 5·18 광주 민주화운동 기록물/Human Rights Documentary Heritage 1980 Archives for the May 18th Democratic Uprising against Military Regime, in Gwangju

정의 5.18민주화운동 관련 기록물은 1980년 5월 18일부터 27일까지 대한민국 광주를 중심으로 전개된 민주화를 요구하는 시민들의 저항과 이후에 이 운동의 책임자 처벌, 피해자 보상과 관련하여 기록되고 생산된 문건, 사진, 영상 등의 자료를 총칭합니다.

특징 기록물에는 크게 세 가지 유형이 있습니다. 첫째, 정부에서 생산한 문서, 둘째, 국내 특파원의 사진 등 당시의 긴박한 상황을 알 수 있는 문서, 셋째, 국회와 대법원이 생산한 문서로 진상 규명과 국민의 명예 회복을 위한 것입니다.

중요한 이유 5.18민주화운동은 한국의 민주화에 큰 전환점이 되었을 뿐 아니라, 1980년대 이후 동아시아 국가들의 냉전 체제를 해체하고 민주화를 이루는데 적지 않은 영향을 끼친 것으로 여겨져 왔고, 그런 세계사적 중요성을 인정받아

등재 연도 2011년 유네스코 세계기록유산으로 등재되었습니다.

정의 Archives for the May 18th Democratic movement are the records of the movement that occurred from May 18th to 27th in Gwangju, requiring the democratization of South Korea. It takes the form of documents, photos, etc., relating to the citizens' rebellion, punishment of the perpetrators, and compensation for victims in the movement.

특징 There are three main types of records. First, documents produced by government; second, documents that show how urgent the situation was at the time, such as photographs from correspondents; and third, documents produced by the National Assembly and Supreme Court to establish the truth and restore public honor.

중요한 이유 The May 18th Democratic Uprising not only played an essential role in the democratization of South Korea but also affected other countries in East Asia by dissolving the Cold War structure and achieving democracy.

등재 연도 It was designated as the UNESCO Memory of the World in 2011.

Note

52 난중일기/War Diary of Admiral Yi sunsin

정의 난중일기는 우리 민족이 가장 존경하는 영웅 중 한 사람인 **이순신 장군이 임진왜란 전시 상황에서 쓴 친필 일기**입니다.

특징 난중일기는 **임진왜란이 발발한 1592년 1월**부터 마지막 전투인 **노량해전에서 이순신 장군이 전사하기 직전인 1598년 11월까지** 거의 매일의 기록으로, **총 7책**으로 엮여 있습니다.
개인의 일기 형식으로 **문장이 간결하면서도 유려**하며, 날마다의 교전 상황이나 이순신 장군의 개인적 소회, 그리고 당시의 날씨나 전장의 지형, 서민들의 생활상까지 **상세하게 기록**되어 있습니다.

중요한 이유 난중일기는 **지휘관의 전장 기록**으로서는 **세계 역사상 유례가 없는 기록**이며, 우리나라뿐 아니라 **서양에서도 해상 전투를 연구하는 데 널리 사용**되고 있습니다.

등재 연도 이러한 세계사적 중요성을 인정받아 **2013년 유네스코 세계기록유산으로 등재**되었습니다.

정의 The Nanjung Ilgi is the **personal diary of Admiral Yi sunsin,** one of the most admired historical figure of the Korean people, **written in wartime during the Japanese invasion of Joseon dynasty.**

특징 It **consists of seven volumes** of notes written **almost daily** from January 1592 through November 1598, until the days before Yi sunsin was killed in the last sea battle of the war (노량해전).
As a personal journal, the style is **simple and elegant.** It **describes in detail** the daily combat situations, the admiral's personal views and feelings, observations on the weather, topographical features of battlefields, and the lives of common people.

중요한 이유 It is **unique in world history** as battlefield records of commanders. It has been **widely used in modern Western countries** and Korea to **study sea battles.**

등재 연도 It was designated as the **UNESCO Memory of the World in 2013.**

Note

53 새마을운동 기록물/New Community Movement

정의 새마을운동 기록물은 **대한민국 정부와 국민들이 1970년부터 1979년까지 추진한 새마을운동 과정에서 생산된 자료**들을 총칭하며, 대통령의 연설문과 결재 문서, 행정 부처의 새마을 사업 공문, 마을 단위의 사업 서류, 새마을 지도자들의 성공 사례 원고와 편지, 시민들의 편지, 새마을 교재, 관련 사진과 영상 등 **약 22,000 여 건의 자료**를 포함합니다.

특징 새마을운동은 **'근면·자조·협동'의 기본적인 정신**과 실천을 범국민적·범국가적으로 추진함으로써, 국가 발전을 가속적으로 촉진시키려는 목적으로 진행된 운동입니다.

중요한 이유 새마을운동은 **한국이 세계 최빈국에서 주요 경제 대국으로 성장할 수 있는 토대**를 마련하는데 큰 영향을 미쳤습니다.

등재 연도 이러한 세계사적 중요성을 인정받아 **2013년 유네스코 세계기록유산**으로 등재되었습니다.

정의 New Community Movement was a **political initiative** launched **to modernize the underdeveloped South Korean economy** from **1970 to 1979,** and the Archives of the New Community Movement are the **records covering its overall history.**

특징 It **contains about 22,000 documents,** including presidential speeches, government papers, village documents, letters, manuals, photographs, and video clips. This movement aims to advance national development by spreading the spirit and practice of **'diligence, self-help, and cooperation'** (근면, 자조, 협동) throughout the country.

중요한 이유 The movement **laid the foundation for Korea** to grow into a major economy from one of the world's poorest countries.

등재 연도 It was designated as the **UNESCO Memory of the World in 2013.**

Note

54 KBS 특별 생방송 '이산가족을 찾습니다' 기록물/ The Archives of the KBS Special Live Broadcast 'Finding Dispersed Families'

정의 KBS 특별 생방송 '이산가족을 찾습니다' 기록물은 전쟁으로 흩어진 이산가족을 위해 KBS에서 방영한 특별 생방송과 관련한 기록의 총칭입니다.

특징 이 방송은 1983년 6월 30일부터 11월 14일까지 138일 동안 방송되었으며, 방송시간 453시간 45분 동안 생방송한 비디오 녹화 원본 테이프 463개와, 담당 프로듀서 업무수첩, 이산가족이 직접 작성한 신청서, 일일 방송 진행표, 큐시트, 기념 음반, 사진 등 20,522건의 기록물로 구성되어 있습니다. 이 방송으로 10,189건의 이산가족이 상봉했습니다.

중요한 이유 혈육들이 재회하여 얼싸안고 울부짖는 장면은 이산가족의 아픔을 치유해 주었고, 한반도 긴장 완화에 기여했습니다. 또한 더 이상 이와 같은 비극이 생겨나서는 안 된다는 평화의 메시지를 전 세계에 전달했습니다.

등재 연도 이러한 세계사적 중요성을 인정받아 2015년 유네스코 세계기록유산으로 등재되었습니다.

정의 The Archives of the KBS Special Live Broadcast "Finding the Dispersed Families" are the records of live broadcasts by the KBS of reunions of war-dispersed families.

특징 It broadcast from June 30th through November 14th, 1983, over 138 days. It comprises 20,522 items, including 463 videotapes of 453 hours and 45 minutes, producers' journals, applications, daily charts, cue sheets, music, and photographs. It covered 10,189 successful reunions between those who lost their loved ones during the Korean War.

중요한 이유 It contributed to healing the pain of separated families and helped ease tensions on the Korean Peninsula. It also sent a peace message to the world that tragedies should never happen again.

등재 연도 It was designated as the UNESCO Memory of the World in 2015.

Note

55 유교 책판/Confucian Printing Woodblocks

정의 유교 책판은 조선 시대 718종의 유학 관련 서책을 간행하기 위해 305개 문중과 서원에서 기탁한 총 64,226장의 목판입니다.

특징 유교 책판은 국가가 아닌 각 지역의 성리학자들이 시대를 달리하여 만든 것으로 수록 내용은 문학을 비롯하여 정치, 경제, 철학, 대인관계 등 실로 다양합니다. 이는 '텍스트 커뮤니케이션'의 원형으로 책을 통해 시공을 초월한 선후학의 지식 탐구와 전승 소통을 가능하게 합니다.

중요한 이유 과정부터 비용까지 자체적으로 분담하는 '공동체 출판'이라는 출판 방식은 유례를 찾기 힘든 매우 특징적인 출판 방식이며, 성리학자들은 20세기 중반까지 500년 이상 시공간을 뛰어넘어 사제 관계로 '집단지성'을 형성하였습니다.

등재 연도 이러한 세계사적 중요성을 인정받아 2015년 유네스코 세계기록유산으로 등재되었습니다.

정의 Confucian Printing Woodblocks comprise 64,226 hand-carved blocks used for printing 718 books written during the Joseon dynasty. They were produced by 305 family clans and Confucian academies.

특징 This was created at different times by groups of intellectuals in different regions. They covered various subjects: literature, politics, economy, philosophy, and interpersonal relations. The woodblocks are a prototype of text-communication technology that enabled the exploration and propagation of ideas.

중요한 이유 It's a unique form of 'community publishing' in that the process and costs are self-sustaining. For over 500 years, they formed a 'collective intelligence' in a continuous master-disciple relationship across time and distances.

등재 연도 It was designated as the UNESCO Memory of the World in 2015.

Note

56 국채보상운동 기록물/Archives of the National Debt Redemption Movement

정의 한국의 국채보상운동 기록물은 국가가 진 빚을 **국민이 갚기 위해 1907년부터 1910년까지 일어난 국채보상운동의 전 과정을 보여주는 기록물**입니다.

특징 1907년 대구의 서상돈에 의해 시작되었으나 이후 **하층 계급까지 동참한 전 국민적 기부운동**으로, 국가가 진 외채를 갚음으로써 국민으로서의 책임을 다했습니다. 국채보상운동 기록물은 총 **2,475건의 문서로 구성**되어 있으며, **운동의 배경과 시작, 확산과 영향력 등에 관한** 수기 문서가 포함되어 있습니다.

중요한 이유 그 후 중국(1909년), 멕시코(1938년), 베트남(1945년) 등 제국주의 침략을 받은 여러 국가에서도 한국과 유사한 방식으로 국채보상운동이 연이어 일어났으나, 한국의 국채보상운동이 **시기적으로 가장 앞섰으며, 가장 긴 기간 동안 전 국민이 참여하는 국민적 기부 운동**이었다는 점에서 기념비적입니다. 또한 당시의 **역사적 기록물이 유일하게 온전히 보존**되어 있다는 점에서도 역사적 가치가 큽니다.

등재 연도 이러한 세계사적 중요성을 인정받아 **2017년 유네스코 세계기록유산으로 등재되었습니다.**

정의 The Archives of the National Debt Redemption Movement is a document chronicling the **entire process and history of a nationwide campaign from 1907 to 1910** to help the government pay back a huge debt owed to Japan.

특징 It was started by Seo Sangdon in Daegu in 1907 and expanded to a **pan-national movement in which the lower class also participated** to repay their country's debt. It consists of **2,475 documents,** including the **background and beginning, as well as the expansion and influence of the movement.**

중요한 이유 The movement was the **earliest and longest national donation campaign** compared to other countries, and the documents are **the only intact historical record** of the period.

등재 연도 It was designated as the **UNESCO Memory of the World in 2017.**

Note

57 조선통신사에 관한 기록물/Documents on the Joseon Tongsinsa

정의 조선통신사에 관한 기록은, 1607년부터 1811년까지, 일본 에도 막부의 초청으로 12회에 걸쳐, 조선에서 일본으로 파견되었던 외교사절단에 관한 자료를 총칭하는 기록입니다.

특징 양국에서 보존하고 있는 조선통신사에 관한 기록물은 외교 기록, 여정 기록, 문화교류의 기록으로 구성된 종합 자산입니다. 이 기록물을 통해 조선통신사가 두 나라의 증오와 오해를 풀고 상호 이해를 넓히는 데 큰 역할을 하였으며, 덕분에 외교, 학술, 예술, 산업, 문화 등 다양한 분야에서 활발한 교류가 이루어졌음을 알 수 있습니다.

중요한 이유 이 기록은 비참한 전쟁을 경험한 양국이 평화로운 관계를 유지해 낼 수 있었던 지혜가 응축되어 있으며 존중과 예의를 기반으로 하는 상호 교류가 구현되었다는 중요성을 인정받아

등재 연도 2017년 유네스코 세계기록유산으로 등재되었습니다.

정의 The Documents on the Joseon Tongsinsa comprise records related to 12 diplomatic missions dispatched from Joseon to Japan between 1607 and 1811 at the request of Japanese government.

특징 The documents preserved in both countries comprise diplomatic documents, travel records, and cultural exchange records. This testifies to the importance of the missions in promoting reconciliation, mutual understanding, and interactions in the two countries' diplomatic, cultural, and industrial aspects.

중요한 이유 The documents exhibit wisdom in maintaining peaceful relations between the two nations during the postwar period. In recognition of the importance of respectful exchange,

등재 연도 It was designated as the UNESCO Memory of the World in 2017.

Note

58 조선 왕실 어보와 어책/Royal Seal and Investiture Book Collection of the Joseon Dynasty

정의 어보는 조선 왕실의 의례용 도장으로, 왕과 왕후의 존호를 올릴 때나 왕비·세자·세자빈을 책봉할 때 사용되었습니다. 어책은 세자와 세자빈의 책봉, 비와 빈의 직위 하사 때 내린 교서로 교명, 옥책과 죽책, 금책 등입니다.

특징 어보와 어책은 왕권의 신성함을 상징하는 상징적이고 의례적인 의미를 지니고 있습니다. 이렇게 등재된 조선 왕실의 어보와 어책은 조선 건국 초부터 570여 년 동안 지속적으로 제작돼 왔으며, 따라서 당대의 정치, 경제, 사회, 문화, 예술 등의 시대적 변천상을 반영하고 있습니다.

중요한 이유 오랜 기간 동안 의례용 어보와 어책을 지속적으로 제작하고 봉안한 사례는 현존하는 유일한 사례로 이러한 인장 제작 관행은 다른 문화권과는 차별화되는 특징입니다.

등재 연도 2017년 유네스코 세계기록유산으로 등재되었습니다.

정의 Royal seals and investiture books were bestowed on the kings and queens of the Joseon dynasty, commemorating their important lifetime occasions and ceremonies such as investitures and the inauguration of official titles.

특징 The royal seals and investiture books are symbolic and ceremonial, signifying the sacredness of the royal authority. The seals and books were produced from the beginning to the end for more than 570 years in the Joseon dynasty, reflecting the political, economic, social, and cultural trends of the time.

중요한 이유 It is the only case of ceremonial seals and books continuously produced for a long time. Such a practice of creating seals is distinct from that of other cultures.

등재 연도 It was designated as the UNESCO Memory of the World in 2017.

Note

59 4·19 혁명 기록물/Archives of the April 19 Revolution

정의 4·19 혁명 기록물은 1960년 4월 19일 한국에서 학생이 중심이 되어 일어난 시민혁명 자료로 1960년 2·28 대구 학생시위부터 3·15 부정선거에 항의하여 독재 정권을 무너뜨린 4·19 혁명까지의 전후 과정과 관련된 일체의 기록물입니다.

특징 이 자료는 이승만 대통령의 하야로 이어진 혁명의 배경과 전개 과정, 진상 규명 노력, 처벌, 희생자에 대한 배상 등에 관한 기록물입니다. 4·19 혁명은 한국의 새로운 정치 질서를 확립하고, 이후 한국의 정치 변화를 촉발하는 계기가 되었습니다.

중요한 이유 4·19 혁명은 제 3세계에서 최초로 성공한 시민 혁명으로, 국민들이 독재 정권에 맞서 자발적으로 봉기하여 비폭력으로 민주주의를 쟁취한 사건으로 그 중요성을 인정받아

등재 연도 2023년 유네스코 세계기록유산으로 등재되었습니다.

정의 The archives of the April 19 Revolution refer to historical records, documents, and materials related to the democratic uprising in South Korea in 1960.
(from a student rally in the city of Daegu on February 28 to large-scale demonstrations in Seoul on April 19 to oppose rigging the March 15 presidential election.)

특징 The materials cover the backgrounds and developments of the revolution leading to the downfall of President Syngman Rhee's administration and post-revolution, fact-finding efforts, punishments, and reparations for victims. The April 19 Revolution established a new political order and catalyzed subsequent political transformations in South Korea.

중요한 이유 The April 19 Revolution was the first successful civil revolution in the Third World, where people spontaneously rose against a dictatorship and achieved democracy through nonviolence.

등재 연도 It was inscribed on the UNESCO Memory of the World List in 2023.

Note

60 동학농민혁명기록물/Archives of the Donghak Peasant Revolution

정의 동학농민혁명기록물은 1894년~1895년 조선에서 발발한 동학농민혁명과 관련된 기록물입니다.

특징 동학농민혁명은 부패한 지도층과 외세의 침략에 저항하며 평등하고 공정한 사회를 건설하기 위해 민중이 봉기한 사건으로 그 과정에서 동학 농민군은 당시 세계에서 찾아보기 힘든 민·관 협력(거버넌스) 기구인 '집강소'를 설치하는 성과를 거두었습니다. 동학농민혁명 기록물에는 동학 농민군이 작성한 문서, 정부 보고서, 개인 일기와 문집, 각종 임명장 등 185개의 문서로 이루어져 있습니다.

중요한 이유 동학농민혁명은 한국이 번영된 민주주의로 나아가는 발판을 놓았으며, 이러한 자료들을 통해 다양한 관점에서 농민운동의 진행과정과 그 의미를 찾아볼 수 있어

등재 연도 2023년 유네스코 세계기록유산으로 등재되었습니다.

정의 The Archives of the Donghak Peasant Revolution are records of the Donghak Peasant Revolution that broke out in Korea between 1894 and 1895.

특징 The Donghak revolution was a popular uprising against the ruling class's corruption and foreign invasion of the Joseon dynasty, demanding a more fair and equal society. Throughout the revolution, the Donghak army succeeded in establishing a cooperative governing unit known as a Jipgangso, a novel experiment in democracy. It comprises 185 documents, including papers written by the Donghak Peasant Army, government reports, personal diaries, letters, and various appointment certificates.

중요한 이유 The Donghak Peasant Revolution paved the way for Korea to develop into a flourishing democracy. Through these resources, we can learn about the progress and meaning of the peasant movement from various perspectives.

등재 연도 It was inscribed on the UNESCO Memory of the World List in 2023.

Note

세계인류무형유산

61 종묘제례 및 종묘제례악/Royal Ancestral Ritual in the Jongmyo Shrine and its Music - 18,22년 출제

정의 종묘제례는 유교적 절차에 따라 최고의 품격으로 종묘에서 거행되는 왕실 의례로, 선왕과 왕비의 덕을 기리는 국가적 의례였습니다.

특징 유교 전통에서 조상에 대한 제사는 중요한 의식으로 여겨지며 종묘제례는 유교 의례 중에서도 가장 발전되고 완성된 형태입니다. 또한 종묘제례악은 제례 중에 연주되는 음악으로 예술적 완성도가 높다는 평가를 받고 있습니다. 종묘제례악은 보태평과 정대업으로 구성되며 보태평은 역대 선왕들의 문덕을 기리고, 정대업은 선왕들의 무덕을 칭송합니다. 이때 64명의 무용수가 춤을 추는 팔일무가 함께 행해집니다.

중요한 이유 원형 그대로의 모습으로 전승된 종묘제례는 유교 사회의 상징이며, 500년이라는 시간과 공간을 초월한 한국의 소중한 정신적 문화유산입니다.

등재 연도 2001년 유네스코 인류무형유산에 등재된 종묘제례와 종묘제례악은 현재 5월 첫째 주 일요일과 11월 첫째 주 토요일에 봉행되고 있습니다.

정의 The Royal Ancestral Rite is a national ritual to honor the deceased kings and their queens of the Joseon dynasty with the highest level of dignity, performed at the Jongmyo Shrine.

특징 In the Confucian tradition, ancestral rites are considered important ceremonies, and the Royal Ancestral Ritual is the most advanced and complete form of this Confucian rite. Sacrificial music is performed during the rites and is highly appreciated for its artistic perfection. The music consists of Botaepyong and Jeongdaeup; Botaepyong praises the civil virtues, while Jeongdaeup praises the military virtues of kings. Music is performed along with a dance called Palilmu by 64 dancers.

중요한 이유 The ritual service has been considered an important symbol for Confucian society and the spirit of Korea for more than 500 years in its original form.

등재 연도 Royal Ancestral Rites & Music was registered on UNESCO Intangible Heritage in 2001 and is now performed on the first Sunday in May and the first Saturday in November.

※ 종묘(p72)와 함께 답변을 구성해 보시기 바랍니다.

62 판소리/Pansori

정의 판소리는 한 명의 소리꾼이 고수의 장단에 맞추어 창(소리), 아니리(말), 너름새(몸짓)를 섞어 가며 구연하는 일종의 솔로 오페라입니다.

특징 판소리라는 말은 여러 사람이 모인 장소라는 뜻의 판과 노래를 뜻하는 '소리'가 합쳐진 말입니다. 판소리는 17세기 한국의 서남지방에서 유래되었을 것으로 짐작되고, 지식층의 문화와 서민의 문화를 모두 아우르고 있다는 점이 특징입니다. 춘향가, 심청가, 수궁가, 흥보가, 적벽가 다섯 마당이 현재 전해지고 있습니다.

중요한 이유 우리나라 시대적 정서를 나타내는 전통예술로 삶의 희로애락을 해학적으로 음악과 어울려서 표현한다는 점에서 가치가 커

등재 연도 2003년 유네스코 인류무형유산으로 등재되었습니다.

정의 Pansori is a musical storytelling performed by a vocalist and a drummer characterized by expressive singing (소리), stylized speech (아니리), and gesture (너름새).

특징 Pansori is derived from the Korean words Pan, meaning 'a place where many people gather,' and Sori, meaning 'song.' Pansori is known to originate in southwest Korea in the 17th century and has a feature that widely covers the culture of both the noble class and common people. Chunhyangga, Simcheongga, Sugungga, Heungboga, and Jeokbyeokga are the main 5 songs of Pansori.

중요한 이유 It is a traditional art that expresses the emotions of the times in Korea and represents the joys and sorrows of life in a humorous way with music.

등재 연도 It was designated as the UNESCO World Intangible Heritage in 2003.

Note

63 강릉단오제/Gangreung Dano Festival

정의 강릉단오제는 **단옷날을 전후**하여 펼쳐지는 **강릉 지방의 향토 제례 의식**으로 **풍년을 기원하는 행사**입니다.

특징 이 축제에는 산신령과 남녀 수호신들에게 제사를 지내는 **'대관령국사성황모시기'**를 포함한 강릉 단오굿과 함께 전통 음악인 민요 **오독떼기, 관노가면극** 및 **다양한 민속놀이**가 개최됩니다. **전국 최대 규모의 노천 시장인 난장**에서는 이 지방의 토산물과 공예품을 살 수 있고 여러 가지 경연과 서커스도 펼쳐집니다.

중요한 이유 오랜 역사를 갖고 있는 강릉단오제는 민중의 역사와 삶이 녹아 있는 **전통 축제로 전통신앙인 무속뿐 아니라 유교, 불교와 조화롭게 결합**되어 이루어지는 축제라는 점에서 문화적 가치가 높아

등재 연도 **2005년 유네스코 인류무형유산**으로 등재되었습니다.

정의 The Gangreung Dano Festival takes place on **Dano Day** (the 5th day of the 5th month), **wishing for an abundant harvest in the Gangneung area.**

특징 The festival includes a **shamanistic ritual on the Daegwanryeong Ridge** with traditional music (대관령국사성황모시기), **Odokttegi folk songs, the Gwanno mask drama,** and **various popular folk games. The Nanjang market,** one of Korea's largest outdoor markets, is where we can buy local products and handicrafts, and contests, games, and circus performances take place.

중요한 이유 It holds great cultural value as it is one of **Korea's longest-historic festivals,** and the **Shaman ritual is harmonized well with the concepts of Confucianism and Buddhism.**

등재 연도 It was designated **UNESCO World Intangible Heritage in 2005.**

Note

64 강강술래/Ganggangsullae

정의 대한민국의 서남 지역에서 널리 행해지는 강강술래는 풍작과 풍요를 기원하는 풍속의 하나로, 주로 음력 8월 한가위에 연행됩니다.

특징 밝은 보름달이 뜬 밤에 수십 명의 마을 처녀들이 모여서 손을 맞잡아 둥그렇게 원을 만들어 돌며, 한 사람이 '강강술래'의 앞부분을 선창하면 뒷소리를 이어받아 여러 사람이 노래를 부르는데 강강술래의 이름은 노래의 후렴구에서 따왔지만, 정확한 뜻은 알려져 있지 않습니다.

중요한 이유 강강술래는 한국의 대표적인 민속 예술로 여성들이 이웃 여성들과 함께 춤추는 가운데 협동심·평등·우정의 교류를 함께했던 중요성을 인정받아

등재 연도 2009년 유네스코 인류무형유산으로 등재되었습니다.

정의 Ganggangsullae is a ritual wishing for abundant harvest and fertility, popular in southwestern Korea, performed primarily on Thanksgiving.

특징 Under a bright full moon, dozens of young, unmarried village women gather in a circle, join hands, sing, and dance all night under the direction of a lead singer. The dance takes its name from the chorus repeated after each verse, although it is not clear what the exact meaning is.

중요한 이유 Ganggangsullae is a representative folk art of Korea and is recognized for its importance in contributing to cooperation, equality, and friendship as women dance together with their neighbors.

등재 연도 It was designated as the UNESCO World Intangible Heritage in 2009.

Note

65 처용무/Cheoyongmu

정의 처용무는 궁중에서 한 해를 보내는 마지막 날에 악귀를 몰아내고 왕실의 평화를 기원하는 새해맞이 행사로 추는 춤입니다.

특징 처용무란 처용 가면을 쓰고 추는 춤으로 신라 시대 처용설화에서 유래되었다 전해지고, 이후 고려와 조선을 거치며 악귀를 물리치는 의식을 넘어 궁중 무용으로 정착되었습니다. 처용무는 동서남북과 중앙 등의 오방을 상징하는 흰색·검은색·붉은색·파란색·노란색의 오색 의상을 입은 5명의 남자들이 추는 춤으로 궁중에서 추는 춤으로는 유일하게 사람 형상의 가면을 쓰고 추는 춤입니다.

중요한 이유 처용무는 통일 신라 시대부터 최소 1100년이 넘는 역사를 자랑하며 우리 고유의 풍습을 잘 보여주는 춤으로 그 중요성을 인정받아

등재 연도 2009년 유네스코 인류무형유산으로 등재되었습니다.

정의 Cheoyongmu is a **court mask dance to keep off evil spirits and promote good fortune** at the end of the year in the palace.

특징 Cheoyongmu is **based on the Korean legend of Cheoyong** in the Silla kingdom, but it has **become the royal court dance** through the years. The dance is **performed by five men** wearing white, black, red, blue, and yellow to represent the four directions and the center. This is the **unique royal dance performed with the mask.**

중요한 이유 It's been **more than 1,100 years old** since the Silla kingdom and is **well preserved to show Korean culture and identity.**

등재 연도 It was designated as the **UNESCO World Intangible Heritage in 2009.**

처용설화(삼국유사)

신라 헌강왕 때 처용이라는 사람의 아내가 무척 아름다웠는데, 역신마저 흠모해 사람으로 변하여 남몰래 처용의 아내와 동침을 하였다. 처용이 밖에서 돌아와 두 사람이 누워있는 것을 보고 노래를 부르고 춤을 추자 역신은 자신의 잘못을 깨닫고 그 가지 않겠다는 맹세를 한 뒤 물러났다고 한다. 이때, 처용이 악귀를 쫓기 위해 만든 노래가 '처용가'이고, 덩실덩실 추었던 춤이 '처용무'라 전해진다.

66 제주 칠머리당영등굿/Jeju Chilmeoridang Yeongdeunggut

정의 '제주 칠머리당영등굿'은 바다의 평온과 풍작 및 풍어를 기원하기 위해 음력 2월에 제주에서 시행하는 세시 풍속입니다.

특징 제주의 마을 무당들은 바람의 여신(영등할망), 용왕, 산신 등에게 제사를 지내고 주로 해녀와 선주들이 참여해 음식과 공양물을 지원합니다. 일정한 시기에 치러지는 의례이자 문화 축제이기도 한 영등굿은 제주도 바닷사람들의 삶을 좌우하는 바다에 대한 존중의 표현이기도 합니다.

중요한 이유 제주도 사람들에게 일체감을 심어주어 돈독한 관계를 맺도록 하는데 기여해

등재 연도 2009년 유네스코 인류무형유산으로 등재되었습니다.

정의 The Jeju Chilmeoridang Yeongdeunggut is a **ritual held on Jeju Island in the second lunar month to pray for calm seas, an abundant harvest, and a plentiful sea catch.**

특징 Village shamans perform a series of **rituals for the god of the winds (영등할망) and other gods.** The Yeongdeunggut are primarily **supported by the female divers and ship owners** who prepare food and offer sacrifices as an **expression of the villagers' respect for the sea,** which determines their lives.

중요한 이유 This ritual is a distinctive **embodiment of Jeju Island's identity** and helps to build a sense of unity among the people of Jeju Island.

등재 연도 It was designated as the **UNESCO World Intangible Heritage in 2009.**

※ 제주 해녀문화(p.128)와 함께 연계해 답변을 구성해 보시기 바랍니다.

Note

67 남사당놀이/Namsadang Nori

정의 남사당놀이는 40-50명에 이르는 남자들로 구성된 유랑 연예인인 남사당패가 농·어촌을 돌며, 주로 서민층을 대상으로 조선 후기부터 연행했던 놀이입니다.

특징 공연은 1) 풍물놀이 2) 버나 3) 살판(땅재주) 4) 어름(줄타기) 5) 덧뵈기(탈놀음) 6) 덜미(꼭두각시놀음) 등 6개로 구성됩니다. 남사당놀이는 관객들을 즐겁게 해 줄 뿐만 아니라 중요한 사회적 메시지를 전달하기도 하였습니다. 특히 탈춤과 꼭두각시놀음은 남성 중심의 사회에서 여성들은 물론이고 하층민들의 억압받는 삶을 놀이로 보여주었습니다.

중요한 이유 이런 공연은 정치적으로 힘없는 자들을 대변하여 풍자를 통해 문제점들을 제기하기도 하고 가난한 사람들에게 꿈을 주고 삶을 이어 가게 하는 평등과 자유의 이상을 보여주었다는 점에서 중요성을 인정받아

등재 연도 2009년 유네스코 인류무형유산으로 등재되었습니다.

정의 Namsadang Nori, literally the 'all-male vagabond clown theater,' is a folk performance originally practiced widely by traveling entertainers since the late Joseon dynasty, mainly for the common people.

특징 It consists of 40~50 male members and has six components: farmers' music (농악), hoop spinning (버나), physical feats (살판), tightrope walking (어름), mask dance (덧뵈기), and puppet play (덜미). Namsadang Nori carried an important social message. It enacted the oppression of the lower classes and women in a male-dominated society.

중요한 이유 Through satire, these performances raised issues for those with no political voice and ideals of equality and freedom for the poor.

등재 연도 It was designated as the UNESCO World Intangible Heritage in 2009.

Note

68 영산재/Yeongsanjae

정의 영산재는 49재의 한 형태로, 영혼을 극락 왕생하게 하는 **49재 중에서 가장 규모가 큰 대표적인 불교 의식**입니다.

특징 영산재는 음악, 노래, 춤이 어우러져 **총 13개의 절차**로 진행되는데 **불교음악에 해당하는 범패**와 바라춤, 나비춤, 법고춤 등의 **불교 무용 작법무**, 여기에 **괘불이라는 미술적 요소**까지 더해지는 종합예술로 주로 **태고종에 의해 전승**되고 있습니다.

중요한 이유 불교 문화권인 인도, 중국, 일본에는 없는 의식으로 **한국 전통불교문화의 백미**로 꼽히며, 화려한 **불교문화가 예술적으로 전승**되고 있는 가치가 있습니다.

등재 연도 **2009년 유네스코 인류무형유산**으로 등재되었습니다.

정의 Yeongsanjae is one of the **largest Korean Buddhist ceremonies** held in temples throughout Korea **on the 49th day** after a Buddhist has passed away.

특징 Yeongsanjae combines music, singing, and dancing with **13 procedures,** including **Buddhist singing (범패)** and **varied ritual dances** such as the cymbal dance, ceremonial robe dance, and drum dance (바라춤, 나비춤, 법고춤). It is **preserved mainly by the Taegojong order** of Korean Buddhism.

중요한 이유 It is a ritual that does not exist in other Buddhist cultures and is considered a **highlight of traditional Korean Buddhist art.** It acts as a bridge to **inherit the value of Buddhism** in an artistic form.

등재 연도 It was designated as the **UNESCO World Intangible Heritage in 2009.**

49재

불교에서는 사람이 죽어 이승을 떠나면 곧바로 다음 세상으로 가지 못하고 49일을 허공에서 떠돈다고 본다. 죽은 자는 살아있을 때 지은 업에 따라 7일에 한 번씩 명부시왕들의 심판을 받는데, 마지막 49일째에 최종 심판을 받아 지옥에 갈지, 극락에 갈지 결정된다. 그래서 불교 의식에서는 사람이 죽은 뒤 49일째에 재를 크게 지낸다. 이를 '49재'라 하는데, 후손들이 정성을 다해 재를 올리면 그 공덕에 힘입어 보다 좋은 곳에 인간으로 다시 태어날 수 있다고 믿었다.

69 가곡/Gagok, lyric song cycles accompanied by an orchestra

정의 가곡은 시조시(우리나라 고유의 정형시)에 곡을 붙여서 관현악 반주에 맞추어 부르는 우리나라 전통음악으로, 조선 시대 상류계층이 주로 부르던 노래입니다.

특징 대부분의 가곡은 매우 느리고 굉장한 집중력으로 속도를 조절해 가며 부릅니다. 가곡은 남성이 부르는 노래인 남창 26곡과 여성이 부르는 노래인 여창 15곡으로 구성되어 있는데 남창은 울림이 있고 강하며 깊은 소리가 특징인 반면, 여창은 고음의 가냘픈 소리가 특징입니다.

중요한 이유 가곡은 서정성과 균형을 지니고 있으며, 세련된 멜로디와 발전된 악곡이라는 점에서 찬사를 받고 있습니다. 또한 천 년 이상 동안 한국적 정체성을 확립하는 데 중요한 역할을 해 왔습니다.

등재 연도 2010년 유네스코 인류무형유산으로 등재되었습니다.

정의 Gagok refers to a genre of Korean vocal music composed of traditional three-line poetry (시조) and sung by the noble class in the Joseon dynasty.

특징 Most Gagok songs are slow, requiring a high concentration level to control the tempo. It comprises 26 songs for men (남창) and 15 songs for women (여창). Strong and deep voices characterize songs for men, while high-pitched, thin voices are for women.

중요한 이유 Gagok songs are acclaimed for their lyrical patterns, balance, refined melodies, and advanced musical composition. It has been important in establishing Korean identity for over 1,000 years.

등재 연도 It was designated as the UNESCO World Intangible Heritage in 2010.

Note

70 대목장/Daemokjang, traditional wooden architecture

정의 대목장은 한국의 전통 목조 건축, 특히 전통 목공 기술을 가지고 있는 목수를 말합니다.

특징 대목장은 건축물의 기획·설계·시공은 물론 수하 목수들에 대한 관리 감독까지 전체 공정을 책임지는 장인으로 활동 범위는 전통적인 한옥에서부터 궁궐이나 사찰과 같은 역사적 건축물의 유지 보수와 복원, 재건축에까지 이르고 있습니다.

중요한 이유 따라서 대목장은 한국 전통 건축의 상징이자 보호자라고 여겨지고 있으며, 이러한 인식은 대목장의 정체성 형성에 매우 중요한 역할을 하고 있습니다.

등재 연도 2010년 유네스코 인류무형유산으로 등재되었습니다.

정의 Daemokjang refers to traditional Korean woodworkers with conventional carpentry techniques.

특징 The Daemokjang is the master in charge of the entire construction process, including planning, designing, and constructing buildings and supervising subordinate carpenters. The activities of Daemokjang also extend to the maintenance, repair, and reconstruction of historic buildings such as palaces and temples.

중요한 이유 Therefore, Daemokjang is considered the symbol and protector of traditional Korean architecture. This plays a significant role in creating the identity of Daemokjang.

등재 연도 It was designated UNESCO's World Intangible Heritage in 2010.

Note

71 매사냥/Falconry

정의 매사냥은 매를 훈련시켜 야생 상태에 있는 사냥감을 잡도록 하는 전통 사냥입니다.

특징 매사냥꾼은 자신이 기르는 맹금과 돈독한 유대감 및 정신적 교감을 형성하여야 하며, 매를 기르고 길들이고 다루고 날리기 위해 헌신적인 노력이 필요합니다.

중요한 이유 매사냥꾼들은 비록 그 배경이 서로 다를지라도 매를 훈련하고 돌보는 방법, 사용하는 도구, 유대감을 형성하는 과정 등의 보편된 가치, 전통, 기술을 공유하는 방식을 4천 년 이상 지속하고 있습니다.

등재 연도 매사냥은 이러한 가치를 인정받아 매사냥 문화를 공유하는 10개 국가들과 함께 유네스코 인류무형유산으로 2010년 공동 등재되었습니다.

정의 Falconry is the traditional form of hunting by keeping and training falcons to capture wild prey.

특징 Falconers develop a strong relationship and spiritual bond with their birds, and commitment is required to breed, train, handle, and fly the falcons.

중요한 이유 While falconers come from different backgrounds, they share common values, traditions, and practices, such as training and caring for birds, equipment, and the bonding process for over 4,000 years.

등재 연도 It was designated as the UNESCO World Intangible Heritage in 2010, along with ten other countries that share the culture of falconry.

Note

72 줄타기/Jultagi, tightrope walking

정의 줄타기는 줄타기꾼이 줄 위에서 재담, 노래, 춤과 함께 다양한 곡예를 펼치는 한국의 전통 예술입니다.

특징 다른 나라에도 줄타기 공연이 있지만, 한국의 전통 공연예술인 줄타기는 음악 반주에 맞추어 줄타기 곡예사와 바닥에 있는 어릿광대가 서로 재담을 주고받는다는 점에서 독특합니다. 곡예사가 줄 위에서 다양한 묘기를 부리는 동안, 어릿광대는 줄타기 곡예사와 재담을 주고받고, 악사들은 그 놀음에 반주를 합니다.

중요한 이유 줄타기 전통 공연예술은 관객들도 자유롭게 참여할 수 있는 공연이라는 점에서 한국의 정체성을 강화하는 역할을 인정받아

등재 연도 2011년 유네스코 인류무형유산으로 등재되었습니다.

정의 Tightrope walking, or Jultagi, is a traditional Korean art in that the tightrope walker performs a variety of acrobatic feats on the rope, along with jokes, songs, and dances.

특징 While other countries also have tightrope walking performances, traditional Jultagi is unique because it includes music and witty dialogue between the tightrope walker and a clown. During the performance, a clown engages the tightrope walker in joking conversation, and a team of musicians plays music to accompany the entertainment.

중요한 이유 Korean tightrope walking, open to all, has been recognized for strengthening Korean identity.

등재 연도 It was designated as the UNESCO World Intangible Heritage in 2011.

Note

73 택견/Taekkyeon, a traditional Korean martial art

정의 택견은 유연하고 율동적인 춤과 같은 동작으로 상대를 공격하거나 다리를 걸어 넘어뜨리는 **한국 전통 무술**입니다.

특징 우아한 몸놀림의 노련한 택견 전수자는 직선적이고 뻣뻣하기보다는 **부드럽고 곡선을 그리듯이 움직이지만, 엄청난 유연성과 힘**을 보여줄 수 있습니다. 부드러운 인상을 풍기지만, 다양한 공격과 방어 기술을 강조하는 **효과적인 무술**입니다.

중요한 이유 농업과 관련된 전통의 한 부분으로서, 수많은 사람들이 **택견을 일상 활동**으로 즐기는 점, 택견은 **공동체의 통합을 촉진**하는 점, 누구나 할 수 있는 **스포츠로서 공중 보건을 증진하는 주요한 역할**을 한다는 점 때문에

등재 연도 **2011년 유네스코 인류무형유산**으로 등재되었습니다.

정의 Taekkyeon is a **traditional Korean martial art** that uses fluid, rhythmic dance-like movements to strike an opponent.

특징 The graceful movements of a well-trained Taekkyeon performer are **gentle and circular** rather than straight and rigid, but they can **explode with great flexibility and strength.** Despite its soft impression, Taekkyeon is an **effective martial art** that highlights various offensive and defensive skills.

중요한 이유 As a part of farming-related traditions, many people have practiced Taekkyeon as a **daily activity, facilitating community integration and promoting public health** as a sport.

등재 연도 It was designated as the **UNESCO World Intangible Heritage in 2011.**

Note

74 한산 모시짜기/Weaving of Mosi (fine ramie) in the Hansan region

정의 한산 모시는 충청남도 서천군 한산 지역에서 만드는 모시로 날씨의 영향으로 품질이 우수하기 때문에 모시의 대명사로 불리어 왔습니다.

특징 모시짜기는 수확, 모시풀 삶기와 표백, 모시풀 섬유로 실 잣기, 전통 베틀에서 짜기 등 여러 과정으로 이루어집니다. 정장·군복에서 상복에 이르기까지 다양한 의류의 재료가 되는 모시는 더운 여름 날씨에 입으면 쾌적한 느낌을 주는 옷감입니다.

중요한 이유 모시짜기는 전통적으로 여성이 이끄는 가내 작업인데 어머니가 딸 또는 며느리에게 기술과 경험을 전수하며, 마을의 정해진 장소에서 이웃과 함께 모여서 일함으로써 공동체를 결속하는 역할을 한다는 점을 인정받아

등재 연도 2011년 유네스코 인류무형유산으로 등재되었습니다.

정의 Weaving of fine ramie in the Hansan region is transmitted by middle-aged women in the Chungnam Province. It has been representative of Mosi because of its excellent quality due to the weather.

특징 It involves several processes, including harvesting, boiling, and bleaching ramie plants, spinning yarn from ramie fiber, and weaving it on a traditional loom. Ramie cloth is comfortable in hot summer weather and is used to produce a variety of clothing, from dress suits to military uniforms.

중요한 이유 Traditionally, it is a household craft led by women, where mothers pass down their skills and experience to their daughters or daughters-in-law. The tradition also binds the community together with its neighbors.

등재 연도 It was designated as the UNESCO World Intangible Heritage in 2011.

Note

75 아리랑/Arirang, lyrical folk song -20,22,23년 출제

정의 아리랑은 한국인의 정신을 잘 나타내는 가장 대표적인 한국의 민요로, 그 의미와 기원은 명확하게 규정되지는 않지만, 대체로 슬픔, 그리움, 이별, 고통 등을 표현하는 노래로 알려져 있습니다.

특징 아리랑은 3,600여 가지의 다양한 변형이 있다고 추정할 만큼 한국인이 세대를 넘어 보편적으로 부르고 즐기고 있는 노래입니다. 따라서 아리랑이 지닌 창의성, 표현의 자유, 공감은 아리랑의 가장 큰 특징이라고 할 수 있습니다. 이런 점 때문에 아리랑은 영화·뮤지컬·드라마·춤·문학 등을 비롯한 여러 다양한 예술 장르와 매체에서 대중적 주제이자 모티프로 이용되어 왔습니다. 대표적인 아리랑은 정선아리랑, 진도아리랑, 밀양아리랑 등이 있습니다.

중요한 이유 국내외에서 한민족을 하나로 묶고 소통을 가능하게 하는 힘을 가진 아리랑은 한민족의 노래로 중요성을 인정받아

등재 연도 2012년 유네스코 인류무형유산으로 등재되었습니다.

정의 Arirang is the most representative Korean folk song, well representing the Korean spirit. The meaning and origin of "Arirang" are not clearly defined, but it is generally known as a song that expresses emotions such as sorrow, longing, separation, and pain.

특징 Arirang is universally sung and enjoyed by ordinary Koreans throughout generations, with 3,600 variations. A great virtue of Arirang is its respect for creativity, freedom of expression, and empathy. Arirang is also a popular subject and motif in diverse arts and media, including cinema, musicals, drama, dance, and literature. Jeongseon Arirang, Jindo Arirang, and Milyang Arirang are the representative Arirang songs.

중요한 이유 Arirang, which has the power to unite Koreans, has been recognized for its importance as the national song of Korea.

등재 연도 It was designated as the UNESCO World Intangible Heritage in 2012.

Note

76 김장문화/Kimjang, making and sharing Kimchi - 19,20,24년 출제

정의 김장은 한국 사람들이 춥고 긴 겨울을 나기 위해 **한국식 채소 절임 요리인 김치를 준비하고 보존하는 전통적인 과정**입니다.

특징 김장철은 늦가을로, 길고 혹독한 겨울을 나기 위해 **지역사회에서 공동으로 많은 양의 김치를 담가 나눠 먹습니다.** 김장에 사용되는 구체적인 방법과 재료는 **지역마다 차이가 있으며,** 일반적으로 시어머니에서 며느리로 전수되는 **중요한 가족 유산**입니다.

중요한 이유 '김장'이라는 문화는 현대 사회에서 **가족 협력 및 결속을 강화하는 기회**를 제공하고, **한국인의 정체성을 재확인**시켜 주는 일입니다.

등재 연도 **2013년 유네스코 인류무형유산**으로 등재되었습니다.

정의 Kimjang is the **traditional process of preparing and preserving kimchi,** the spicy Korean pickled vegetable dish.

특징 The Kimjang season is in late autumn, when **communities collectively make and share large quantities of Kimchi** to ensure a long, harsh winter. The specific methods and ingredients used in Kimjang is **different by region,** and they are an **important family heritage** that is typically transmitted from a mother-in-law to a daughter-in-law.

중요한 이유 Kimjang **represents the Korean identity** and gives an excellent opportunity for **strengthening family cooperation and solidarity.**

등재 연도 It was designated as the **UNESCO World Intangible Heritage in 2013.**

※ 김치(p155)와 함께 연계해 답변을 준비해 보시기 바랍니다.

Note

77 농악/Nongak, community band music, dance and rituals

정의 농악은 한국의 농촌 사회에서 집단노동이나 명절 때 등에 흥을 돋우기 위해서 연주되는 음악입니다.

특징 농악은 한국 사회에서 마을 공동체의 화합과 마을 주민의 안녕을 기원하기 위해 전국적으로 행해지는 대표적인 민족 예술이자 축제로, 농악에 사용되는 악기는 북, 장구, 징, 꽹과리, 소고 등이 있습니다. 마을신이나 농사신을 위한 제사, 액을 쫓고 복을 부르는 축원, 봄의 풍년 기원과 가을의 풍농 축제 등의 의미가 있습니다.

중요한 이유 농악은 공동체의 연대와 협력을 강화하고 공동체 구성원 간의 공동 정체성을 확립하는 데 도움이 된다는 점에서 그 중요성을 인정받아

등재 연도 2014년 유네스코 인류무형유산으로 등재되었습니다.

정의 Nongak is a type of music played for group work and holidays in rural Korea.

특징 It is Korean traditional art performed throughout the country to promote community harmony and the well-being of villagers. Instruments include Buk (a drum), Janggu (a double-headed drum), Jing (a gong), Kkwaenggwari (a small gong), and Sogo (a small drum). Nongak includes music and dancing to celebrate harvest times, encourage people, wish for an abundant harvest, or expel evil spirits.

중요한 이유 Nongak helps to enhance solidarity and cooperation in the community and establishes a sense of shared identity among community members.

등재 연도 It was designated as the UNESCO World Intangible Heritage in 2014.

농악과 사물놀이의 공통점과 차이점

공통점: 동일한 악기 사용(꽹과리, 북, 장구, 징)
차이점: 농악은 농경문화와 관련이 있는 반면 사물놀이는 공연을 목적으로 함

※ 사물놀이(p157)와 함께 연계해 답변을 준비해 보시기 바랍니다.

78 줄다리기/Tugging rituals and games

정의 줄다리기는 풍년을 기원하고 공동체 구성원 간의 화합과 단결을 위하여 동아시아와 동남아시아 벼농사 문화권에서 널리 행해지는 전통 의식이자 놀이입니다.

특징 대개 줄다리기는 2개 팀이 서로 마주 보고 서서 양쪽 끝에서 줄을 자기 쪽으로 잡아당기는 형식으로 행해집니다. 줄다리기는 경쟁적인 놀이가 아니므로 승부에 연연하지 않고, 공동체의 안녕을 위해서 진행합니다. 충남 당진군의 기지시 줄다리기가 가장 대표적인 줄다리기 중 하나입니다.

중요한 이유 줄다리기는 민족문화의 특성과 정신적 가치를 잘 표현하고 있는 대표적인 놀이이며, 공동체의 구성원은 줄다리기를 통해 협력의 중요성을 되새길 수 있다는 중요성을 인정받아

등재 연도 2015년 유네스코 인류무형유산으로 등재되었습니다. '줄다리기 의례와 놀이'는 우리나라가 처음으로 시도한 다국가 간 공동 등재입니다(캄보디아, 베트남, 필리핀).

정의 Tugging rituals and games are enacted to ensure abundant harvests and prosperity in East and Southeast Asia's rice-farming cultures.

특징 Divided into two teams, each team pulls one end of a rope, attempting to tug it from the other. Tugging rituals and games are often organized to promote the community's well-being and remind members of the importance of cooperation. One of the most representative Tugging rituals is the Gijisi Juldarigi, Dangjin-gun, Chungnam Province.

중요한 이유 Tugging rituals and games is a popular game that expresses Korean culture's characteristics and spiritual values. It strengthens unity and solidarity among community members.

등재 연도 It was designated as the UNESCO World Intangible Heritage in 2015. This is the first time Korea has initiated registering on the UNESCO's list with other countries. (Cambodia, Vietnam, and the Philippines).

Note

79 제주 해녀 문화/Culture of Jeju Haenyeo (women divers)

정의 해녀는 생계를 위해 **수중 잠수 장비를 사용하지 않고** 바닷속으로 잠수하여 각종 조개류, 해초 등을 **채취하는 여성 다이버**를 말합니다.

특징 제주 해녀는 오랫동안 물질을 반복한 경험에 의해 **조류와 바람에 대한 풍부한 지식**을 갖고 있고, 두 손으로 **잡을 수 있는 만큼의 해산물만 채취**합니다. 물질 기술과 해녀 문화는 일반적으로 가족 내 **여성들 사이에서 오랜 세대를 거쳐 전승**되어 왔습니다.

중요한 이유 제주 해녀 문화는 **제주도의 특성과 민속 정신을 대표**하며, 지역 사회에서 **여성의 지위 향상과 환경 지속 가능성 증진**에 기여해 왔다는 중요성을 인정받아

등재 연도 **2016년 유네스코 인류무형유산**으로 등재되었습니다.

정의 Haenyeo refers to **female divers** who dive into the ocean **to catch** various shellfish, seaweed, etc., **without using underwater diving equipment.**

특징 Jeju Haenyeo has **great knowledge of tides and winds.** This knowledge is acquired through the experience of diving over a long period of time. They only take **as much seafood as they can hold** with their two hands. Diving skills and Haenyeo culture have been **passed down through generations,** typically **among the women** in the family.

중요한 이유 The culture of Jeju Haenyeo **represents the character and people's spirit** of Jeju Island. It has also contributed to the **advancement of women's status** in the community and promoted **environmental sustainability.**

등재 연도 It was designated as the **UNESCO World Intangible Heritage in 2016.**

※ 제주 칠머리당영등굿(p115)과 함께 연계해 답변을 구성해 보시기 바랍니다.

Note

80 씨름/Korean Traditional Wrestling

정의 씨름은 한국에서 오랜 역사를 지닌 민속놀이이자 전통 스포츠입니다.

특징 씨름은 자연적으로 생겨난 순수 우리 경기로 삼국시대 이전부터 있었던 것으로 추정됩니다. 이후 다양한 씨름 기술이 발전하였고, 조선 시대부터 단오, 추석 등 풍년을 기원하며 마을 사람들이 함께 즐기는 민속 경기로 자리 잡았습니다.

중요한 이유 씨름은 국내 모든 지역의 한국인들에게 한국 전통문화의 일부로 인식되며, 중요한 명절에는 항상 씨름 경기가 있을 정도로 한국인의 문화적 정체성과 긴밀히 연관돼 있음을 알 수 있습니다. 또한 사회적, 지역적 배경이나 성별에 관계없이 지금까지 다양한 방식으로 전승되고 있다는 점을 인정받아

등재 연도 2018년 유네스코 인류무형유산으로 등재되었습니다. 사상 처음으로 남북 공동 등재에 성공한 첫 번째 무형유산이기도 합니다.

정의 Ssireum is a **folk wrestling and traditional sport** that has a long history in Korea.

특징 Ssireum originated in Korea and has been around for thousands of years, as evidenced by paintings and documents **dating back to the Three Kingdoms period.** Later, various Ssireum **techniques developed** and became a **popular folk competition since the Joseon dynasty,** when **people gathered** in their communities and **wished for a rich harvest, such as Dano and Chuseok.**

중요한 이유 Ssireum is perceived as Korean traditional culture throughout the country, representing **cultural identity.** It was also recognized for being **passed down in various ways,** regardless of social or regional background or gender.

등재 연도 It was designated as the **UNESCO World Intangible Heritage in 2018.** Ssireum is the first case of **inter-Korea's joint inscription** on the list.

Note

제3장 유네스코 유산

81 연등회/Yeondeunghoe, lantern lighting festival

정의 연등회는 팔관회와 더불어 신라 시대에 시작되어 고려 시대 국가적 행사로 자리 잡힌 불교 법회입니다.

특징 본래 연등은 부처님께 공양하는 방법의 하나입니다. 등을 공양한다는 것은 번뇌와 무지의 어두운 세계를 부처님의 지혜로 밝게 비추는 것을 상징합니다. 연등회 때는 대나무, 한지 등으로 연등을 제작해 사찰과 거리를 장식하고 행렬을 진행하는데, 고려나 조선 시대에서부터 전국적인 국민축제로 '부처님 오신 날'과 함께 불교의 최대 행사로 매년 열리고 있습니다.

중요한 이유 연등회는 꾸준하게 전승되어 오늘날까지 전해지고 있고, 종교 행사로 시작되었음에도 불구하고 현재 누구나 참여할 수 있는 대표적인 봄철 축제로 발전한 점을 인정받아

등재 연도 2020년 유네스코 인류무형유산으로 등재되었습니다.

정의 Yeondeunghoe is a Buddhist ceremony that began in the Silla kingdom and became a national event during the Goryeo dynasty.

특징 Originally, lanterns were a way of making offerings to the Buddha, and lighting a lantern symbolized illuminating the suffering with the Buddha's wisdom. During the Lantern Festival, lanterns are made of bamboo, Hanji, and other materials to decorate temples and streets and parade through them. Yeondeunghoe is the largest Buddhist event and a national festival held annually alongside the Buddha's birthday.

중요한 이유 It has been passed down for years and is still practiced every year. This festival is open to all, regardless of background, nationality, or religion.

등재 연도 It was designated as the UNESCO World Intangible Heritage in 2020.

Note

82 한국의 탈춤/Talchum, mask dance drama

정의 탈춤은 노래, 춤, 연극이 어우러진 민중예술로 여러 사람 또는 한 사람이 **탈을 쓰고 음악에 맞춰 춤을 추면서 이야기를 들려주는 공연**입니다.

특징 지역마다 조금씩 다르긴 하나 대체로 **몰락한 양반과 파계한 승려, 그리고 힘든 서민들의 생활을 그린 것**이 거의 공통적입니다. 이렇듯 엄격한 계급사회에서 유머러스하고 해학적으로 지배계층을 공공연하게 비판하는 내용을 담은 탈춤은 **유일하게 당대에 허용되었던 종합예술**이었습니다. **대표적인 탈춤**은 **함경남도의 북청사자놀음, 황해도의 봉산탈춤, 경기도 양주별산대놀이, 경상도의 안동탈춤과 고성오광대놀이**로 총 13개의 국가무형문화유산과 5개의 시도 무형문화유산 종목으로 구성된 **18개 탈춤이 한국의 탈춤으로 등재**되었습니다.

중요한 이유 한국의 탈춤이 강조하는 **평등의 가치와 사회 신분제에 대한 비판**이 오늘날에도 여전히 의미 있는 주제이며, **각 지역의 문화적 정체성**에 상징적인 역할을 하고 있다는 점 등을 높이 평가하여

등재 연도 **2022년 유네스코 인류무형유산**으로 등재되었습니다.

정의 Talchum, meaning **"Mask Dance,"** is a folk art combining song, dance, and drama. It is an event where a group of people or a single person **wears a mask** and **dances to music while telling a story.**

특징 It can be considered a drama about particular characters who explore social issues or **criticize the noble class and corrupt monks.** In such a strictly hierarchical society, Talchum, which openly criticized the ruling class in a humorous way, was the **only comprehensive art** allowed at the time. **A total of 18 mask dances** were listed as Korean Talchum, and it has many **different variations** depending on regions, including **통영오광대놀이, 하회별신굿탈놀이, 양주별산대놀이, 송파산대놀이, 북청사자놀음 and 봉산탈춤.**

중요한 이유 The message of Talchum of **equality, value, and criticism of social hierarchy** is still meaningful today and plays a symbolic role in the **cultural identity of each region.**

등재 연도 It was designated as the **UNESCO World Intangible Heritage in 2022.**

※ **아래 탈춤의 종류 중 몇 가지를 본문에 활용해 답변을 구성해 보시기 바랍니다.**

- 국가무형문화유산(13): 양주별산대놀이, 통영오광대, 고성오광대, 강릉단오제 중 '관노가면극' 북청사자놀음, 봉산탈춤, 동래야류, 강령탈춤, 수영야류, 송파산대놀이, 은율탈춤, 하회별신굿탈놀이, 가산오광대
- 시도 지정문화유산(5): 퇴계원산대놀이, 예천청단놀음, 진주오광대, 김해오광대, 속초사자놀이

83 한국의 장 담그기 문화/Knowledge, beliefs and practices related to jang making

정의 장은 된장, 간장, 고추장 등 **한국 음식에 필수적인 발효 양념**으로, 한국의 장 담그기 문화는 단순히 장을 만드는 것에 그치지 않고, **재료 준비부터 발효, 숙성, 보관에 이르는 전반적인 과정**을 포함하는 문화입니다.

특징 한국인들은 **삼국시대**부터 장을 만들고 즐겨왔으며, 이 전통은 대대로 가정 내에서 전승되었습니다. 특히 한국 장 담그기의 독특한 특징 중 하나는 **메주로 된장과 간장을 만드는 과정**입니다. 또 다른 중요한 전통은 작년에 남은 **'씨간장'**에 새로운 장을 더하는 방식입니다.

중요한 이유 오랜 역사와 가족 전통이 담긴 장 담그기 문화는 **한국인의 일상과 정체성을 형성**하는 중요한 문화유산으로 인정받고 있습니다.

등재 연도 **2024년 유네스코 인류무형유산**으로 등재되었습니다.

정의 Jang refers to **fermented sauces** such as soybean paste, soy sauce, and red chili paste, which are **essential to the Korean food.** The culture of jang-making encompasses the **entire process, from preparing the ingredients to ensuring the right conditions for fermentation, aging, and storage.**

특징 It is said that Koreans have been making and enjoying jang since the **Three Kingdoms period**, and it has been passed down as a family tradition for generations. One unique feature of Korean jang-making is the process of **making doenjang and ganjang from fermented meju**, which are soybean blocks. Another key practice is adding new jang to the leftover **'seed ganjang'** from the previous year.

중요한 이유 Jang-making is a significant cultural practice that has been handed down for generations and plays a vital role in **shaping the daily life and identity** of the Korean people.

등재 연도 It was designated as the **UNESCO World Intangible Heritage in 2024.**

Note

Note

04

전통문화

04

전통문화

학습 내용 및 목표

본 단원에서는 한국의 전통문화 및 문화유산에 대해 학습합니다. 관광통역안내사 시험뿐 아니라 외국인을 만나서 가장 자주 이야기하는 내용으로 실제로 외국인에게 알려준다는 느낌을 가지고 준비하면 더욱 재미를 느낄 수 있습니다.

준비 방향

가. 한(韓) 문화

시험에 가장 많이 출제되고 있는 주제로 특히 해당 내용이 가진 우수성뿐만 아니라 체험할 수 있는 장소, 체험 방식 등 관광자원으로서의 활용에 대한 내용도 함께 준비해 보세요.

나. 전통문화 및 문화체험

전통문화 중 최근 기출문제로 자주 출제되고 있는 주제들로 구성했습니다. 특히 추천하고 싶은 체험 내용과 장소를 함께 답변으로 활용해 보시기 바랍니다.

다. 문화유산

한국의 문화유산 중 기출문제로 자주 출제되고 있는 유산으로 구성했습니다. 특히 최근 다양한 방식으로 출제되고 있는 국립중앙박물관의 대표 유물을 포함했습니다. 이 외에도 다른 문화유산이 출제될 수 있으니 평소 다양한 문화유산에 대한 관심을 가져 보시기 바랍니다.

출제 빈도: ★★★★★ 중요도: ★★★★★

대부분의 질문이 매년 출제되고 있어 출제 빈도가 아주 높으며, 관광 분야에 대한 이해도를 평가할 수 있는 문제들로 중요도 또한 높은 주제입니다. 우수성과 함께 관광자원으로서의 기능에 대해서도 함께 답변으로 구성해 보시기 바랍니다.

Note

한(韓) 문화

84 한글(훈민정음)/Korean Alphabet - 17,20,22,23,24년 출제

이렇게 준비하세요!

- 한글은 다양한 방식으로 문제가 출제되고 파생되는 질문도 많아 다양한 각도에서 답변을 준비해야 합니다.
- 한글, 한글의 우수성, 한글 관련 관광지, 훈민정음해례본, 한글날이 모두 포함될 수 있도록 내용을 구성해 보세요.
- 관련 면접 기출문제)

  #한글 #훈민정음해례본 #한글관련관광지 #한글이중요한이유 #한글의우수성

정의 및 배경 한글은 훈민정음이라고도 하며 한국어의 공식 문자 체계입니다. 훈민정음은 한글의 옛 이름으로, 말 그대로 '백성을 가르치는 바른 소리'라는 뜻입니다. 조선 4대 임금인 세종대왕은 백성들이 말은 할 줄 알지만 글을 모르는 것을 안타깝게 여겨, 누구나 쉽게 읽고 쓸 수 있도록 집현전 학자들과 함께 한글 창제를 주도했습니다. 한글은 1443년에 완성되어 1446년에 반포되었습니다.

구성 및 원리 한글은 원래 28개의 글자로 구성되었으나 그중 4개가 사용되지 않아 현재는 24개의 글자만 사용합니다. 한글은 자음 14개와 모음 10개가 합쳐져 음절을 이루는데 주요 자음 5개(ㄱ, ㄴ, ㅅ, ㅁ, ㅇ)는 발음할 때의 발성기관의 모양에 따라 만들어졌고 모음은 천지인(天地人)의 동양 철학에서 유래했습니다.

중요한 이유 한글은 세계에서 창제 목적이 분명하고 창제자와 창제 연대를 알 수 있는 유일한 문자입니다. 또한 한글은 세계에서 가장 체계적이고 논리적인 문자 체계 중 하나로 한글을 배우는 것이 어렵지 않기 때문에 한국의 문해력 증진에 중요한 역할을 해왔습니다.

관련 유산 한글은 한국의 가장 독특한 문화 자산으로 여겨져, 10월 9일을 한글날로 지정해 한글 발명을 기념하고 축하하고 있습니다. 또한 1997년 유네스코는 한글의 사용법을 정리한 훈민정음해례본 또한 '세계기록유산'으로 지정했습니다.

정의 및 배경 Hangeul, also known as **Hunminjeongeum,** is the **official writing system** of the Korean language. Hunminjeongeum is the old name for Hangeul, which means **'the proper sound to instruct the people.' King Sejong the Great,** the 4th king of the Joseon dynasty, felt sorry that his people could speak but not write, so he led the creation of Hangeul with scholars to make it **easier for everyone to read and write.** Hangeul was **created in 1443 and published in 1446.**

구성 및 원리 Hangeul **originally had 28 letters,** but four were dropped out of use, leaving **24 letters.** The **14 consonants and 10 vowels** combine to form syllables. The shape of the five main consonants (ㄱ, ㄴ, ㅅ, ㅁ, ㅇ) is made according to the position of the **vocal organs as it is pronounced,** and the vowels are from the **Asian philosophy** of Heaven, Earth, and Human.

중요한 이유 Hangeul is the **only script in the world with a clear purpose for its creation, creator, and date.** It is also one of **the world's most organized and logical writing systems** and has played an important role in promoting literacy in Korea because it is **easy to learn.**

관련 유산 Hangeul is considered one of Korea's most unique cultural assets, and its invention is commemorated and celebrated on October 9th as **Hangeul Day.** In 1997, UNESCO also designated the **『훈민정음해례본』 (Hunminjeongeum Manuscript)** in the Memory of the World.

Note

85 한글 관광지/Hangeul-related tourist destinations

서론 한글에 대해 자세히 알아볼 수 있는 한글 관련 관광지를 추천해 드리겠습니다.

본론 1) **국립 한글 박물관**은 한글의 창제 원리와 과정 그리고 그 영향에 대해 가장 체계적으로 배울 수 있는 박물관으로 현재 용산에 위치해 있습니다.

2) 광화문 광장에 위치한 **세종대왕 동상**과 그 지하에 있는 **세종이야기 전시관** 역시 외국인들이 가장 많이 방문하는 곳으로 한글에 관한 전시와 함께 한글과 관련된 다양한 체험을 해볼 수 있는 전시관입니다.

3) 세종문화회관 뒤쪽에 위치한 **한글가온길**은 한글학회, 주시경 선생 집터 등 한글의 보존을 위해 노력하신 분들이 활동하던 유적이 남아 있는 역사적인 길입니다.

4) 마지막으로 세종대왕이 탄생한 **서촌한옥마을(세종마을)**, 집현전 자리였던 **경복궁 수정전**, 한글 비밀 프로젝트를 진행한 **진관사**도 있습니다.

결론 최근 **한류의 영향으로 한글에 대한 관심이 폭발적으로 증가**하고 있습니다. 한글에 관심 있는 외국인 관광객에게 이러한 한글 관련 관광지를 적극적으로 소개하고 홍보할 필요가 있다고 생각합니다.

서론 Here are some recommendations for Hangeul-related tourist destinations where you can learn more about Hangeul.

본론 1) **The National Hangeul Museum** is the best place to learn about the principles and process of its creation and impact. It is located in Yongsan.

2) **The statue of King Sejong the Great** at Gwanghwamun Plaza and the underground exhibition center, **The Story of King Sejong**, are also two of the most visited places by internationals, with various experiences related to Hangeul.

3) **Hangeul Gaon-gil**, located behind the Sejong Performing Art Center, is a historic road that contains the remains of people who worked to preserve Hangeul, such as the Korean Language Society and the house of Dr. Ju sikyung.

4) Finally, there is **Seochon Hanok Village** (a.k.a. Sejong Village), where King Sejong the Great was born; **Sujeongjeon Pavilion** at Gyeongbokgung Palace, the former site of Jiphyeonjeon Pavilion; and **Jingwansa Temple**, where the Hangeul secret project was conducted.

결론 Recently, interest in Hangeul has **exploded due to the influence of K-culture.** It is necessary to actively introduce and promote these Hangeul-related tourist destinations to international tourists.

86 한류/K-culture - 16,18,19,20,22,23년 출제

이렇게 준비하세요!

- 한류는 다양한 방식으로 문제가 출제되고, 파생되는 질문도 많아 다양한 각도에서 답변을 준비해야 합니다.
- 한류의 정의, 효과, 지속방안이 각각 하나의 독립된 문제로 출제되기도 합니다. 따라서 해당 내용을 모두 포함한 답변으로 구성해 보세요.
- 관련 면접 기출문제)

  #한류 #한류인기이유 #추천한류관광지

정의 한류는 **한국 문화가 전 세계적으로 확산되는 현상**을 말합니다. 초기에는 **한국 드라마**가 인기를 끌기 시작하여 이제는 **한국 대중음악, 문화, 음식, 언어 등으로 확대**되고 있으며, 한국의 소프트파워와 문화적인 다양성을 널리 알리는데 기여하고 있습니다.

효과 한류는 **경제를 견인**하고 **한국 브랜드의 위상을 높이**는데 특히 **한국에 대한 긍정적인 이미지를 형성**하여 관광산업에 큰 도움이 되고 있습니다. 외국인 관광객들이 한국 문화에 대해 긍정적으로 느끼면 한국 여행에 대한 욕구가 높아지고, 이는 생산과 고용 등 **경제적으로도 큰 영향**을 미치고 있습니다. 따라서 한국 정부는 한류에 큰 기대를 걸고 있으며 **정치적, 경제적으로 지원**하고 있습니다.

지속방안 한국의 국익에 도움이 되는 이 한류를 앞으로 어떻게 유지, 발전시켜야 하는지가 우리의 과제입니다. 미래의 한류를 지속 가능한 관광자원으로 만들기 위해 **첫째, 한국 고유의 독창성을 콘텐츠에 녹여내 그 영역을 확장**해야 합니다. 둘째, 한류가 패션, 뷰티, 의료, 마이스 등 다른 **고부가가치 산업과 연계**될 수 있도록 해야 합니다. 마지막으로 **한국 정부**도 콘텐츠와 스토리를 국가 차세대 성장 동력으로 육성해 글로벌 시장으로 **진출할 수 있도록 지원**해야 합니다.

Note

정의 Hallyu, also known as K-culture, refers to the **spread of South Korean culture** worldwide. **Korean drama began** to gain popularity at the beginning stage and has now **expanded to Korean pop music, culture, food, and language.** Hallyu is promoting Korea's soft power and cultural diversity.

효과 Hallyu is **driving the economy** and **elevating the status of Korean brands.** In particular, it is helping the tourism industry by **creating a positive image of Korea.** When international tourists feel positive about Korean culture, their desire to travel to Korea increases. Hallyu is also **significantly impacting the economy** in terms of production and employment, so the Korean government has high hopes and is **supporting it politically and economically.**

지속방안 How to sustain and develop Hallyu for the future is an important task. To make Hallyu a sustainable tourism resource, we need to **integrate unique Korean originality into the content** to expand its area. Secondly, Hallyu has to **cooperate with other high-value industries** such as fashion, beauty, medical treatment, and MICE. Lastly, the **Korean government** also needs to **foster the contents and stories** as one of the national next-generation growth engines to move onto the global market.

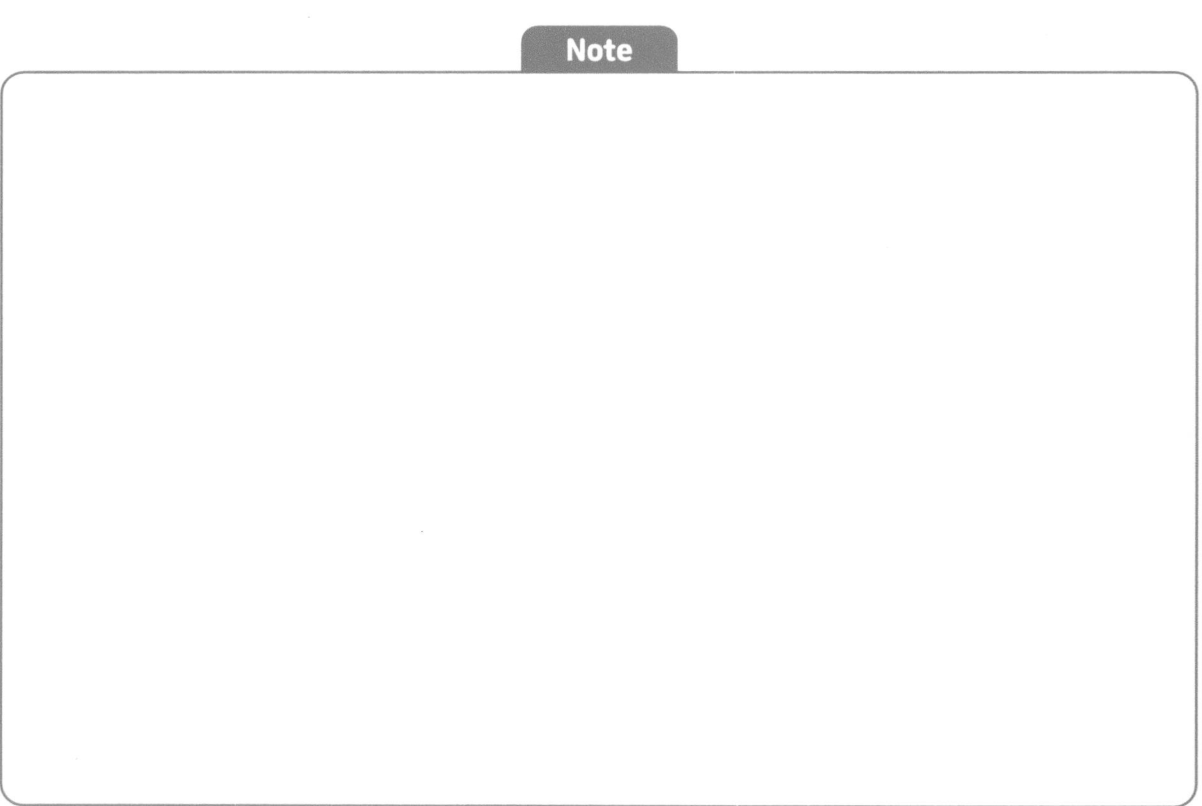

87 한류 관광지/K-culture tourist Attractions - 16, 18, 19, 20, 22, 23년 출제

한류 관광지로는 크게 **K-pop 관광지, K-drama(movie) 촬영지, 체험 프로그램** 등 세 가지로 나눌 수 있습니다.

1) 대표적인 K-pop 관광지로는 서울에 본사를 두고 있는 **유명 케이팝 기획사**로 HYBE(용산), SM(성수), YG(합정), JYP(강동) 등의 회사 건물을 방문하실 수 있습니다. 이 외에도 다양한 케이팝 아이돌을 상징하는 다채로운 곰 조형물이 늘어선 서울의 **케이스타 로드**와 한국관광공사에서 외국인 관광객에게 K-pop과 관련된 체험을 제공하는 **하이커그라운드**가 유명합니다. 이 외에도 **뮤직비디오 촬영지**로 활용된 강원도 향호해변과 맹방해변, 양평 서후리숲 등도 한류관광지로 외국인 관광객의 방문이 꾸준히 증가하고 있습니다.
2) 대표적인 K-drama 관광지로는 주로 **유명 드라마와 영화의 촬영지**로, 다양한 사극의 촬영지로 활용된 드라마 세트장(문경새재 오픈세트장, 선샤인랜드 등)이나 용인 한국민속촌, 남이섬과 쁘띠프랑스는 외국인에게 꾸준히 사랑받고 있는 대표적인 한류 관광지입니다.
3) 마지막 **체험 프로그램**으로 스타의 춤을 배우거나 화장을 따라 해 보는 한류 스타 관련 체험 상품도 늘어나고 있습니다.

There are **three main types of Hallyu tourist attractions**: K-pop tourist attractions, K-drama (movie) filming locations, and K-culture experience programs.

1) **K-pop tourist destinations** include HYBE(용산), SM(성수), YG(합정), and JYP(강동), which are all famous **K-pop entertainment companies** in Seoul. Other notable attractions include Seoul's **K-Star Road**, lined with colorful bear sculptures representing various K-pop idols, and the **Hiker Ground**, where the Korea Tourism Organization offers K-pop-related experiences for international visitors. In addition, Hyangho Beach and Maengbang Beach in Gangwon-do and Seohuri Forest in Yangpyeong have been used as **filming locations for music videos.**
2) **K-drama tourist destinations** are mainly filming locations for famous dramas and films, and drama sets (Mungyeongsaejae Open Set, Sunshine Land, etc.) and Korean Folk Village, Nami Island, and Petite France are representative Hallyu tourist destinations that are steadily gaining popularity among internationals.
3) There is an increasing number of **Hallyu star-related experience products** where you can enjoy how to dance or apply makeup.

88 한복/Korean Outfit

이렇게 준비하세요!

- 한복은 그 자체로 출제되기 보다 다른 문제들에 다양하게 활용할 수 있는 주제입니다.
- 궁궐, 한옥마을, 민속촌 등 다양한 관광지와 관광자원과 연계한 답변을 준비해 보세요.

정의와 구성 한복은 **한민족의 고유한 전통 복장**으로 독특한 아름다움과 역사적 의미로 잘 알려져 있습니다. 여성의 한복은 **저고리와 치마**로 구성되며, 남성은 **저고리와 바지**를 입습니다.

우수성 한복은 **직선과 곡선의 균형**과 **다양한 색상의 조화**로 이루어져 있어, 시각적으로 매우 아름답습니다. 또한 **세부적인 디자인과 자수, 패턴** 등이 매우 정교해 고급스럽고 화려한 인상을 줄 뿐만 아니라 **체형을 아름답게 감싸주는 특성**을 가지고 있습니다. 따라서 한복은 한국 내에서만 인정받는 것이 아니라 전 세계적으로 인정받고 있습니다.

활용 현재 한국에서는 **설날, 추석과 같은 명절**이나 결혼, 돌잔치 등 **중요 행사 참석 시** 한복을 입습니다. 최근 한류의 영향으로 한국의 드라마와 사극이 세계적으로 인기를 끌면서 **궁궐이나 민속마을을 방문하는 내외국인 방문객**들은 한복을 입고 여행을 하는 것이 하나의 유행으로 자리 잡았습니다.

정의와 구성 Hanbok is the **traditional dress of the Korean people,** known for its unique beauty and historical significance. Hanbok consists of a **jeogori (jacket or top) and a chima (skirt)** for women, while men wear a **jeogori and pants.**

우수성 Hanbok is visually beautiful, with a **balance of straight and curved lines** and a **harmony of different colors.** It is also very **elaborate in its details, embroidery, and patterns,** giving it a luxurious impression and **hugging the body beautifully.** Accordingly, Hanbok is appreciated in Korea and has gained recognition worldwide.

활용 Today, we wear Hanbok to celebrate **traditional holidays** such as Seolnal and Chuseok and to attend **important events** such as weddings and birthdays. As K-dramas have become more popular around the world, it has become a trend for **domestic and international visitors** to wear Hanbok when **visiting palaces and folk villages.**

89 한식/Korean Food - 18,20,21,23년 출제

이렇게 준비하세요!

- 한식은 출제 빈도가 높고 가장 다양하게 출제되는 질문 중 하나로 꼼꼼하게 준비할 필요가 있습니다.
- 한식, 한식의 특징, 추천하는 한식, 한식의 인기 등의 내용이 포함될 수 있도록 구성해 주세요.
- 관련 면접 기출문제)

  #한식 #한식의특징 #한식소개하는이유 #한식개인적평가 #외국인추천한식

정의 및 구성 한식이란 **한국의 전통 음식**으로 상차림은 **밥과 국, 그리고 다양한 반찬**이 기본 구성입니다.

특징 한식은 크게 **두 가지 특징**을 가지고 있습니다.

1) 첫 번째는 한식은 **발효음식**이 많다는 것입니다. 발효의 목적은 박테리아의 자연적인 사용을 통해 음식을 더 소화하기 쉬운 성분으로 분해하는 것입니다. 대표적인 발효 식품은 김치와 간장, 고추장, 된장 등 장이라고 불리는 장류가 있습니다.
2) 한식의 또 다른 특징은 매우 **다양한 채소를 활용**한다는 점으로 특히 제철 채소를 기반으로 합니다.

활용 한식은 **슬로 푸드**이며, 제철에 재배한 채소와 숙성되고 발효된 장류를 주재료로 하기 때문에 **건강과 웰빙 생활에 적합한 요리**로 알려져 있습니다. 최근 **K-컬처의 인기**로 세계적으로 한식이 더욱 널리 알려지고 인기를 얻고 있습니다.

정의 및 구성 Korean food is a **traditional Korean meal** consisting of **rice, soup, and a variety of side dishes.**

특징 Korean food has **two main characteristics.**

1) The first is that it is **highly fermented.** The purpose of fermentation is to break down food into more digestible components through the natural use of bacteria. Typical fermented foods include kimchi, soy sauce, soybean paste, and gochujang.
2) Another characteristic of Korean food is that it is **vegetable-based.** All food is based on seasonal vegetables.

활용 Korean food is known for being **slow food,** and **suitable for a healthy and wellness lifestyle** because it is based on seasonal vegetables and fermented cultures. In recent years, K-food has become more widely known in the world and is getting famous due to **K-culture popularity.**

Note

90 추천하고 싶은 한식/Recommended K-Food - 매년출제

이렇게 준비하세요!

- 두 가지 이상 한식을 추천하고, 답변 초반에 음식 이름을 먼저 말합니다.
- 음식은 전통적인 추천 한식과 최근 유행하는 추천 한식으로 구성합니다.

추천 음식 예시

- 전통적인 추천 한식) 비빔밥, 삼계탕, 불고기, 갈비, 찜닭 등
- 최근 유행 추천 한식) 삼겹살, 치맥, 떡볶이, 김밥, 불닭볶음면, 철판볶음밥, 라면 등

답변 예시

서론 한국에 대한 세계적인 관심이 높아지면서 한식에 대한 관심도 높아지고 있습니다. 저는 외국인을 위해 비빔밥과 치맥을 추천하고 싶습니다.

본론 1) 비빔밥은 대표적인 한국의 전통 음식으로, 다양한 식재료를 고루 섞어 먹는 형태의 요리입니다. 밥 위에 달걀, 채소, 고기 등 다양한 재료를 올려놓고 고추장이나 간장 등의 양념을 넣어 먹습니다. 색감이 아름다워 눈으로도 즐기며, 영양도 높고 건강에도 좋으며, 간편하게 준비할 수 있어 한국 음식 중에서도 널리 알려진 대표적인 메뉴입니다.

2) 최근 한국 드라마의 유행으로 치맥 또한 외국인들에게 추천할 수 있는 음식입니다. 치킨과 맥주의 합성어인 치맥은 치킨전문점 뿐 아니라 야외에서도 즐길 수 있어, 음식과 함께 한국의 생생한 문화를 체험해 볼 수 있는 음식으로 각광받고 있습니다.

결론 저는 외국인 관광객에게 전통적인 한식뿐 아니라 최근 유행하는 한식을 추천해 다양한 방식으로 한국의 음식을 즐길 수 있도록 안내하겠습니다.

Note

서론 As global interest in Korea grows, interest in **Korean food also rises.** I want to recommend **bibimbap and chimack** for international guests.

본론 1) **Bibimbap** is a typical Korean traditional dish, a mixture of various ingredients. Eggs, vegetables, meat, and other ingredients are placed on rice and seasoned with gochujang, or soy sauce. It is a popular Korean dish because it is beautifully colored, nutritious, healthy, and easy to prepare.

2) Thanks to the recent popularity of Korean dramas, **chimac** is another dish that can be recommended to internationals. chimac, a combination of chicken and beer, is a dish that can be enjoyed not only at chicken restaurants but also outdoors, allowing you to experience the vibrant culture of Korea through food.

결론 I will recommend to international tourists **both traditional and the latest trendy K-food** so they can enjoy it in various ways.

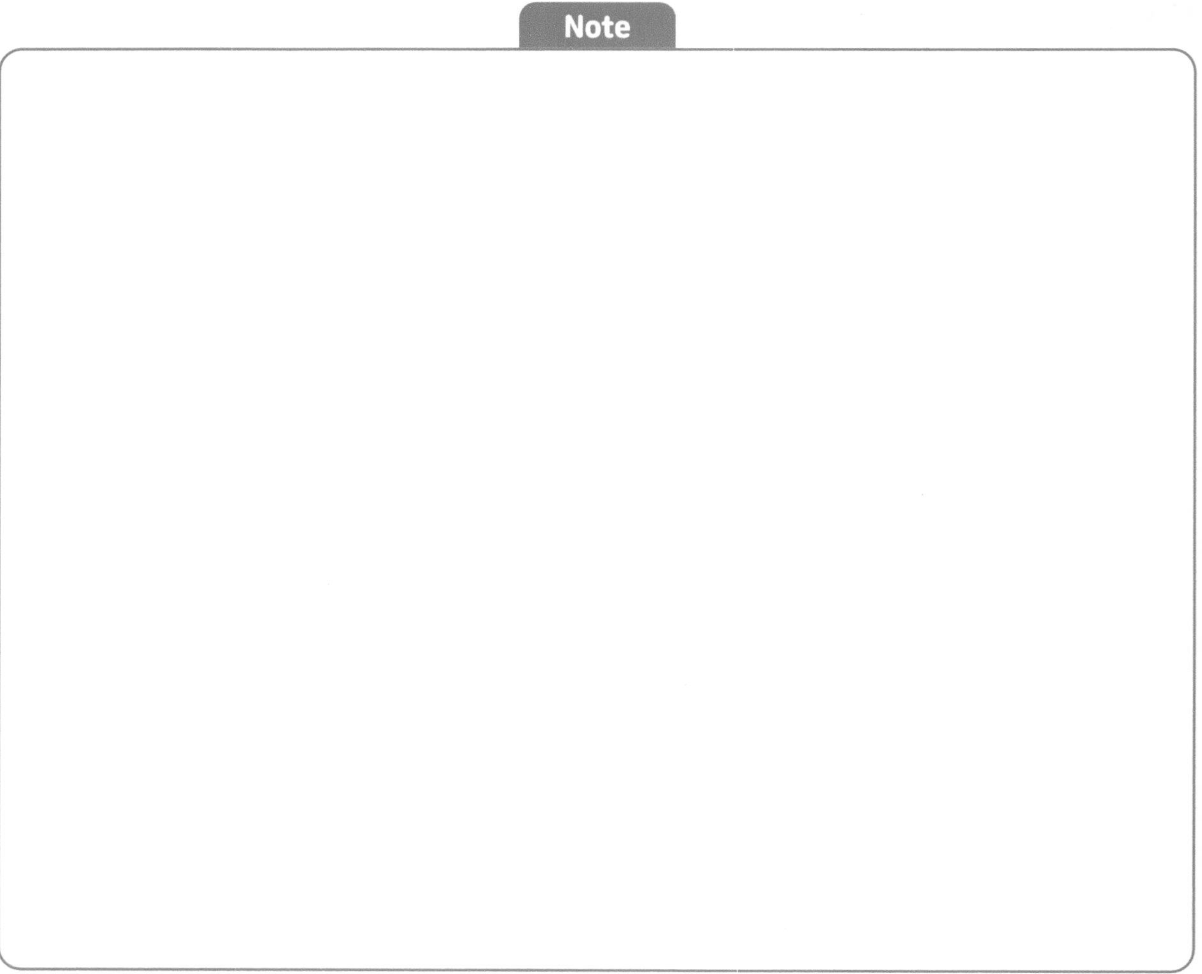

91 한식의 세계화 방안/Globalization of K-Food - 매년출제

서론 한국에 대한 세계적인 관심이 높아지면서 한식에 대한 관심도 높아지고 있습니다. **한식을 세계화**하기 위해 **세 가지**를 제안하고자 합니다.

본론 1) 첫째, 한식 조립법을 **체계화**하고 조리방법과 단위의 **표준화**를 통해 누구나 쉽게 한식을 만들 수 있도록 접근성을 높여야 합니다.

2) 둘째, 상대적으로 자극적인 음식을 먹기 힘들어하는 외국인들을 위해 **맵거나 짠맛을 보완**할 수 있는 맛으로 음식을 개발해야 합니다.

3) 마지막으로 한식과 관련된 다양한 **전문 인력을 양성**해야 합니다. 한식 통역사, 한식 투어 운영자 등 단순히 음식을 만드는 것을 넘어 **음식과 스토리를 결합해 콘텐츠**를 만들 수 있는 인력과 기업도 육성해야 합니다.

성공 사례 **불고기, 비빔밥, 김치와 같은 전통 음식**은 건강하고 맛있는 한식의 대표로서 전 세계적으로 인기를 끌며 한식 세계화의 성공사례로 꼽을 수 있습니다. 최근에는 **떡, 김밥, 불닭볶음면** 같은 음식이 간편하고 독특한 맛으로 해외에서 큰 인기를 끌며, 특히 젊은 층을 중심으로 한국 음식에 대한 관심을 더욱 확산시키고 있습니다.

서론 As global interest in Korea grows, interest in K-food also rises. I want to suggest **three things to globalize** Korean food.

본론 1) First, we need to **systemize food recipes** and make them more accessible by **standardizing** cooking methods and units.

2) Second, we need to develop flavors that **reduce the spicy or salty taste** for internationals who find it difficult to eat such foods.

3) Finally, we need to **train various experts** related to Korean food. K-food interpreters, tour operators, etc., need to be fostered, as well as companies that can create **content by combining food and stories** beyond just making food.

성공 사례 Traditional foods like **bulgogi, bibimbap, and kimchi** have gained worldwide popularity as symbols of healthy and delicious Korean cuisine. Recently, dishes like **rice cake, gimbap and spicy noodles (불닭볶음면)** have become widely popular for their convenience and unique flavors, especially among younger generations, further spreading interest in Korean food.

92 베지테리안 추천 한식/Food for Vegetarian - 18,20,21,22,23,24년 출제

서론 전통적으로 한국 음식은 고기나 해산물이 많이 사용되지만, 현재는 채식 옵션을 제공하는 식당들도 많아지면서 채식 음식에 대한 관심과 선택지가 증가하고 있습니다.

본론 1) 한국의 대표적인 베지테리안 음식 중 하나는 비빔밥입니다. 비빔밥은 채소, 계란, 고추장 등을 혼합하여 맛있게 먹는 음식으로, 고기를 생략하거나 대체 고기를 사용하여 베지테리안 버전으로 즐길 수 있습니다.

2) 템플스테이를 통해 경험할 수 있는 사찰음식 또한 베지테리안이 가장 선호하는 음식 중 하나입니다. 사찰음식은 한국 불교의 전통과 한국 음식 문화를 동시에 경험할 수 있는 음식입니다. 특히 은평구에 위치한 진관사가 사찰음식으로 유명합니다.

3) 이 외에도 파전, 감자전, 막국수, 냉면, 국수, 떡볶이, 야채 김밥, 두부요리, 순두부찌개, 생선구이, 콩국수, 솥밥, 콩나물국밥, 청국장, 죽, 잡채, 탕평채 등이 있습니다.

결론 채소를 기본으로 하는 한식은 건강한 식습관이 중요한 현대사회에서 경쟁력 있는 채식 음식으로 세계에 소개될 수 있다고 생각합니다.

서론 Traditionally, Korean food is heavy on meat and seafood, but there is a growing interest and choice in vegetarian food, with many restaurants now offering vegetarian options.

본론 1) One of the most popular Korean vegetarian dishes is Bibimbab. Bibimbab is a delicious mix of rice, vegetables, eggs, and Gochujang. Vegetarians can enjoy Bibimbab using a meat substitute.

2) The temple food you can experience on a temple stay is also one of the favorites of vegetarians. Temple food is a great way to experience Korean Buddhist traditions and Korean food culture at the same time. Jingwansa Temple is particularly famous for its temple food.

3) Others include green onion pancakes, potato pancakes, Makguksu, cold noodles, noodles, Ttokboki, Gimbab, tofu dishes, soft tofu, grilled fish, bean noodle soup, Sotbab, bean sprout soup, Cheonggukjang, porridge, Japchae, tangpyeongchae and more.

결론 Korean food based on vegetables can be introduced as a competitive vegetarian food in the modern world where healthy eating habits are important.

93 한옥/Korean Traditional House - 17,19,20,22,23,24년 출제

이렇게 준비하세요!

- 한옥은 출제 빈도가 높고 가장 다양하게 출제되는 질문 중 하나로 꼼꼼하게 준비할 필요가 있습니다.
- 한옥, 한옥의 특징, 추천하는 한옥마을 등의 내용이 포함될 수 있도록 구성해 주세요.
- 한옥 관광지를 비교하는 질문도 준비해 주세요.

  ex) 북촌과 서촌 비교, 민속촌과 북촌한옥마을 비교 등
- 관련 면접 기출문제)

  #한옥 #한옥의특징 #외국인추천한옥마을 #남방북방한옥의차이 #한옥체험경험

정의 및 구성 한옥은 한국인이 살던 한국의 전통 가옥으로 크게 초가집과 기와집 두 종류가 대표적이지만, 현재는 기와집의 형태로 많이 남아 있습니다. 한옥은 북부, 남부, 중부, 섬 지역에 따라 그 형태가 다르고 크게 안방, 사랑방, 부엌으로 구성되어 있습니다.

특징 한옥의 매력은 크게 두 가지로 요약할 수 있습니다.

1) 첫째는 난방을 위한 온돌과 냉방을 위한 마루가 균형 있게 배치되어 있다는 점입니다. 이는 더위와 추위에 대처하는 한국 고유의 생활 방식입니다.
2) 한국 가옥의 또 다른 매력은 자연 친화적이라는 점입니다. 한옥을 구성하는 흙, 돌, 나무, 종이 등은 모두 자연에서 직접 구한 것입니다.

활용 최근 한국 드라마의 인기로 인해 한옥을 체험하고자 하는 외국인 관광객이 증가하고 있습니다. 하회마을, 양동마을, 북촌한옥마을 등 많은 한국 전통마을에서 한옥스테이나 게스트하우스 형태로 한옥을 체험할 수 있습니다.

Note

정의 및 구성 A Hanok is a **traditional Korean house** where Koreans used to live, with two main types: **thatched and tiled,** although many tiled houses remain today. The Hanok has **different shapes** in the northern, southern, central, and island regions. The homes are **divided into** anbang (the wife's room), sarangbang (the master's room), and the kitchen.

특징 **The attractiveness** of Korean houses can be summarized in **two points.**

1) The first is that they have a **balanced combination of ondol for heating and flooring (마루) for cooling.** It's a uniquely Korean way of living to deal with the heat and cold of the weather.
2) Another attraction of the Korean house is that it is **environmentally friendly.** The earth, stone, wood, and paper that make up the Hanoks are obtained directly from natural sources.

활용 Recently, thanks to the **popularity of Korean dramas, interest in hanoks** also has been **growing** among international tourists. We can **experience Hanok in traditional Korean villages** such as Hahoe and Yangdong Village and Bukchon Hanok Village as a Hanok stay or guesthouse.

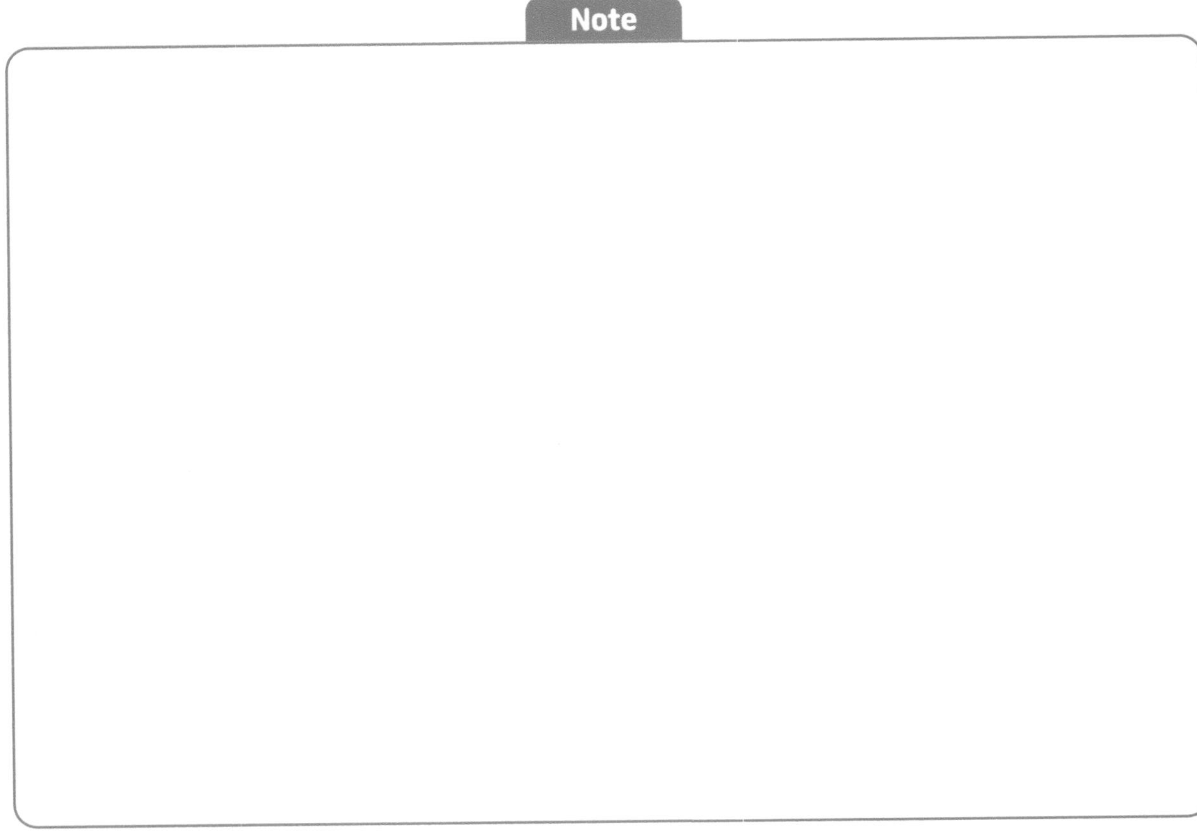

94 한지/Korean Traditional Paper

정의 및 제작 방법 한지는 한국의 전통적인 종이로, 오랜 역사와 문화적 가치를 지니고 있습니다. 한지는 바위가 많은 산비탈에서 잘 자라는 토종 나무인 닥나무의 속껍질로 만들어집니다. 한지를 만들기 위해 닥나무 껍질을 4~5시간 동안 쪄서 닥나무 섬유질을 부드럽게 만듭니다. 그런 다음 찐 껍질을 씻어 절구에 찧은 다음 물에 담가 불립니다. 마지막으로 한지를 나무판 위에 올려 말립니다.

우수성 한지는 보온성과 통풍성이 아주 우수합니다. 바람을 잘 통하게 해주고 습기를 빨아들이고 내뿜는 성질이 있어 건조되었을 때 찢어지지 않고 보관성이 좋아서 수명이 오래갑니다. 한지의 강한 생명력은 한지가 다양한 방식으로 활용될 수 있는 이유입니다.

활용 이런 한지의 우수성으로 인해 한국뿐 아니라 프랑스 루브르 박물관이나 바티칸 등 세계 각국에서 고문서 복원 작업 시 한지를 사용하기도 합니다. 외국인 관광객은 박물관이나 한옥마을에서 한지 만들기 체험이나 서예 체험을 통해 한지를 경험해 볼 수 있습니다.

정의 및 제작 방법 Hanji is a traditional Korean paper with a long history and cultural value. It is made from the bark of a tree called Daknamu, which is found in Korea. Making Hanji involves several steps. First, the bark is steamed for four to five hours to make it soft. Then, it is washed, pounded, and soaked in water. After that, the Hanji is placed on wooden boards to dry.

우수성 Hanji is tough, insulating, and well-ventilated, allowing it to absorb and release moisture. So, when it's dry, it doesn't tear and lasts long because it's tough. The strong vitality of Korean paper is why it can be used in many ways.

활용 Due to its excellence, Hanji is used in Korea and other countries worldwide, such as the Louvre in France and the Vatican, to restore ancient texts. International tourists can experience Hanji through Hanji-making or calligraphy classes at museums and Hanok villages.

Note

전통문화 및 문화체험

95 궁중요리/Royal Cuisine - 16,22년 출제

정의 궁중요리는 왕실 요리 문화의 전성기였던 **조선 시대 궁중에서 제공되던 요리와 전통**으로 전통적인 한국 음식을 대표합니다.

특징 궁중요리에는 전국 각지에서 조달한 **최고급 식재료와 신선한 식재료**만 사용되었으며, 지역 특산물과 제철 음식으로 구성되었습니다. 궁중음식은 **수라상**이라고도 불렸으며, **하루 5끼**의 식사가 왕에게 제공되었습니다.

구성 **아침과 저녁**은 **원반, 곁반, 전골상 등 3개의 상**에 밥과 국, 찌개, 탕, 김치, 장류 등 **12가지 반찬**이 함께 차려졌습니다. 밥은 흰쌀밥과 팥밥 두 가지와 육류, 채소류, 해물류의 다양한 재료로 여러 가지 조리법을 고르게 활용하여 반찬을 마련합니다. **점심이나 손님과의 식사**에는 국수가 함께 제공됩니다.

체험 한국의 집, 삼청각, 석파랑은 한국 **궁중음식을 체험**할 수 있는 곳이며, 특히 **럭셔리여행이나 미식여행**에서 궁중요리를 체험하는 선호도가 높습니다.

정의 Royal cuisine refers to the culinary traditions and **dishes that were served in the royal palace** during the **Joseon dynasty,** which was the peak of royal cuisine culture.

특징 Only the **finest and freshest ingredients** were used in royal cuisine procured from across the country, consisting of **local specialties and fresh seasonal foods.** The royal cuisine was also known as **Surasang,** and **five daily meals were served** to the King.

구성 **Breakfast and dinner** were served on **3 tables** (wonban, gyeotban, and jeongolsang) with rice and **12 side dishes,** including soup, stew, hot pot, kimchi, and sauces. Rice is served in two types, white rice and red bean rice, with various meat, vegetable, and seafood. Side dishes are prepared using a variety of recipes. **Lunch or a meal with guests** comes with noodles.

체험 Korean House, Samcheonggak, and Seokparang are places where **we can experience Korean royal cuisine.** In particular, royal cuisine experiences are a popular choice for **luxury and food trips.**

96 김치/Kimchi - 19,20,21,22,23년 출제

이렇게 준비하세요!

- 김치는 출제 빈도가 높고 가장 다양하게 출제되는 질문 중 하나로 꼼꼼하게 준비할 필요가 있습니다.
- 김치의 특징, 김치 담그는 법은 별도의 주제로 출제되기도 합니다.

정의 김치는 한국을 대표하는 음식 중의 하나로 거의 모든 한식에 제공되는 발효식품입니다. 특히 건강한 식습관을 중시하는 현대 사회에서 김치는 한국인의 식단에서 중요한 부분을 차지하고 있습니다.

장점 및 종류 김치의 가장 큰 장점은 발효식품으로 유산균이 많이 포함되어 있어 비타민이 풍부하고 소화를 도우며 암 성장을 억제할 수 있는 식품이라는 점입니다. 김치의 종류는 지역마다 다르며 수확량과 기상 조건에 따라 달라지는데 오이김치, 동치미, 열무김치, 파김치와 갓김치 등 그 종류만 해도 200가지가 넘는다고 알려져 있습니다.

특징 각 가정마다 대대로 전해 내려오는 고유한 레시피가 있는데 김치를 만들면서 가정문화를 계승해왔던 김장문화는 그 가치를 인정받아 유네스코 세계무형유산으로 등재되었습니다. 대부분의 한국인은 김치를 보관하기 위한 김치 전용 냉장고를 가지고 있습니다.

김치 담그는 법 김치를 담그는 방법은 먼저 배추를 통째로 1)소금물에 담급니다. 그런 다음 무, 마늘, 고춧가루, 생강, 젓갈(멸치 또는 새우)을 함께 섞어 2)양념을 만듭니다. 셋째, 양념을 배추 잎에 3)골고루 펴서 바르고 밀폐 용기에 4)보관합니다.

정의 Kimchi is one of the most iconic foods of Korea, a fermented food served at almost every Korean meal. Kimchi continues to be an important part of Korean meals, especially today, when everyone is focused on healthy eating habits.

장점 및 종류 The main benefit of kimchi is that it's a fermented food containing many lactic acid bacteria, which are rich in vitamins, aid digestion, and may reduce cancer growth. The types of kimchi vary from region to region and are dependent on harvest and weather conditions. It's estimated that there are more than 200 varieties, including cucumber kimchi, dongchimi, radish kimchi, green onion kimchi, and got kimchi.

특징 **Each family has a unique recipe** passed down from generation to generation, and the culture of making kimchi has been recognized as the **UNESCO World Intangible Heritage** List for its value. Most Koreans have a **kimchi refrigerator** to store their kimchi.

김치 담그는 법 Let me introduce how to make Kimchi. First, **1) soak** whole heads of cabbage in salted water. Then **2) mix** radish, garlic, red pepper powder, ginger, and fish sauce (anchovy or shrimp) to make a seasoning. Third, **3) spread the seasoning** on each cabbage leaf and **4) store** it in a sealed container.

※ 김장문화(p.125)와 함께 연계해 답변을 구성해 보시기 바랍니다.

Note

97 사물놀이/Samul nori, 4 percussive instrument music - 17,18,19,20,21,22,24년 출제

정의 사물놀이는 전통적으로 농경 사회에서 풍년을 기원하고 축하하기 위해 행해지던 농악에서 유래한 한국 타악 음악입니다. 1978년 김덕수 등 단원들에 의해 창작되었으며, 사물이란 '네 가지 악기(사물)'이라는 뜻이고 노리란 '놀이'라는 뜻입니다.

악기 구성 사물놀이는 일반적으로 네 가지 주요 악기인 북, 장구, 징, 꽹과리로 구성됩니다. 징은 바람, 장구는 비, 북은 구름, 꽹과리는 천둥을 상징하는 자연의 요소를 각각 나타냅니다.

현재 사물놀이는 한국의 대표적인 전통 음악으로 한국을 대표하는 음악 문화로 자리 잡았으며, 해외 공연도 활발히 이루어지고 있습니다.

농악과의 차이 농악은 주로 야외에서 공연되었지만 사물놀이는 좀 더 세련된 형식의 실내 공연으로 발전했습니다.

정의 Samul nori is a type of Korean percussion music originally from Korean farmer's music, Nongak, traditionally performed in rice-farming villages to ensure and celebrate good harvests. It was founded in 1978 by Kim deoksu, and other members, and the word samul means 'four objects,' while nori means 'play.'

악기 구성 The Samul nori generally consists of four main instruments: Buk (a drum), Janggu (a double-headed drum), Jing (a gong), and Kkwaenggwari (a small gong). Each represents an element of nature, the Jing being the wind, the Janggu the rain, the Buk the clouds, and the Kkwaenggwari the thunder.

현재 Samul nori is a representative traditional music of Korea and has become a part of the Korea's musical culture, with many performances abroad.

농악과의 차이 Nongak was usually performed outdoors, while Samul nori was developed as an indoor performance with more refined formats.

※ 농악(p126)과 함께 연계해 답변을 구성해 보시기 바랍니다.

Note

98 유교와 유교문화/Confucianism and Confucian Culture - 18, 21, 23년 출제

정의 및 역사 유교는 한국의 보편적인 철학으로 **한국인의 도덕 체계와 삶의 방식** 역할을 해왔습니다. 유교는 기원전 **4세기** 불교와 거의 동시에 한국에 들어와 **사회 제도에 큰 영향**을 미쳤으며, **조선 시대에는 국가이념**으로써 사회 행정 체계로 발전했습니다.

유교 문화 유교의 핵심 사상은 **충효와 예절**로 오늘날까지도 유교 문화는 **다양한 방식**으로 보입니다. 자녀는 부모님을 존경하고 순종해야 하며, 조상의 기일에 제사를 지냅니다. 유교 사회에서는 **교육 제도** 또한 중요한 역할을 했으며, 오늘날 한국의 높은 교육열은 유교의 영향을 받은 문화라고 할 수 있습니다.

문화유산 및 체험 유교 문화를 체험할 수 있는 **문화유산으로는** 왕의 제사를 지내는 **종묘와 그 제사인 종묘제례,** 조선의 왕 사후 묻히는 **조선왕릉,** 사립 교육 기관인 **서원** 등으로 모두 **유네스코 유산으로 등재**되어 있습니다. 최근 성균관이나 서원에서는 조선 시대 **유생 체험을 할 수 있는 다양한 문화 프로그램**이 준비되어 있어 많은 외국인이 참여하고 있습니다.

정의 및 역사 Confucianism was a common philosophy in Korea and has played a role in the **Korean moral system and way of life.** During the same period as Buddhism, Confucianism entered Korea and had a **significant impact** on the **social system and institutions.** It was eventually selected as a **national ideology** in the **Joseon dynasty.**

유교 문화 The core ideas of Confucianism are **loyalty and respect,** and Confucian culture is **demonstrated in many ways** in Korea. Children are expected to respect their parents, and we perform ancestral rituals. In Confucian societies, the **education system** also played an important role, and Korea's high passion for education today can be considered a Confucian-influenced culture.

문화유산 및 체험 There are many **cultural heritage sites** where we can experience Confucian culture. The **Jongmyo shrine and the Jongmyojerye,** the **Joseon Royal Tombs,** and **Seowon** are listed as the UNESCO heritages. Recently, Seonggyunkwan and Seowon offered a variety of cultural programs that allowed visitors to **experience the Confucian culture,** attracting many international.

99 전통 명절/Traditional Holidays - 18,20,22년 출제

서론 한국에는 다양한 전통 명절이 있으며, 각 명절은 고유한 의미와 특징을 가지고 있습니다. 가장 중요한 전통 명절로는 설날, 추석, 단오가 있습니다.

본론 1) 설날

설날은 한국에서 가장 중요한 전통 명절 중 하나로 음력 1월 1일입니다. 많은 한국인이 가족을 찾아 조상에게 차례를 지내고 전통 음식을 먹으며 민속놀이를 합니다. 가족들은 음식을 상에 올려 조상님께 차례를 지내고 떡국과 만둣국을 먹습니다. 그 후 자녀들은 집안의 어른들에게 절을 하며 건강을 기원하는데 이를 세배라고 합니다. 또한 한복을 입고 연날리기, 팽이치기 등 전통 놀이를 하는 것이 일반적입니다.

2) 추석

추석은 한국에서 가장 중요한 전통 명절 중 하나로 음력 8월 15일입니다. 많은 한국인이 가족을 찾아 조상에게 차례를 지내고 전통 음식을 먹으며 민속놀이를 합니다. 가족들은 음식을 상에 올려 조상님께 차례를 지내고 한 해의 풍성한 수확에 대해 조상님께 감사하는 마음을 전합니다. 송편을 만들어 먹고, 묘 주변에 자란 잡초를 제거하는 성묘를 하기도 합니다. 추석에는 농악, 씨름, 줄다리기 등 다양한 민속놀이가 펼쳐집니다.

3) 단오

단오는 한국에서 가장 중요한 전통 명절 중 하나로 음력 5월 5일입니다. 단옷날 사람들은 한 해의 풍성한 수확을 기원합니다. 여성들은 창포를 끓인 물에 머리를 감았는데, 창포가 머리카락을 윤기 있게 한다고 믿었기 때문입니다. 전통 음식으로는 수리취떡이 있고, 민속놀이로는 그네뛰기와 씨름이 있습니다.

결론 이 시기에 한국을 방문한 관광객은 한국민속촌, 남산골 한옥마을 등 전통마을에서 진행되는 다양한 명절 프로그램에 참여해 한국의 전통 명절을 즐길 수 있습니다.

Note

서론 Korea celebrates a **variety of traditional holidays** with unique significance. Some of the most important traditional holidays are Seolnal, Chuseok, and Dano.

본론 1) 설날

Seolnal is one of the most important traditional holidays in Korea and is **the first day of January** on the lunar calendar. Many Koreans visit family, **perform ancestral rites, eat traditional food, and play folk games.** Families hold the ancestral rites, and ceremonial food is placed on the table as an offering to the family's ancestral spirits. And family members eat **rice cake soup and dumpling soup.** After that, the younger generation bows to the elderly members of the family and wishes them good health, which is called **Saebae.** It's also common to **wear Hanbok** and engage in traditional games such as **flying kites or spinning tops.**

2) 추석

Chuseok, also known as Korean Thanksgiving, is one of the most important traditional holidays in Korea and is **the 15th of August** on the lunar calendar. Many Koreans visit family, **perform ancestral rites, eat traditional food, and play folk games.** Families hold the ancestral rites, and ceremonial food is placed on the table as an offering to the family's ancestral spirits. It's a celebration of **giving thanks to their ancestors for the year's bountiful harvests. Half-moon-shaped rice cake (송편)** is the specific food of the day. **Sungmyo** is an old tradition in which family members remove the weeds that have grown around the graves. Various folk games, such as **Nongak, Ssireum, and tugging games (줄다리기),** are played during Chuseok.

3) 단오

Dano is one of Korea's most important traditional holidays and is the **5th of May** on the lunar calendar. Traditionally, people **wish for an abundant harvest** of the year. Women **washed their hair** in water boiled with **sweet flag (창포)**, believed to make one's hair shiny. Traditional foods include **herb rice cakes (수리취떡)**. The folk games of Dano are the **swing and Ssireum.**

결론 Tourists can enjoy traditional Korean holidays by **participating in various programs in traditional villages,** such as Korean Folk Village and Namsangol Hanok Village.

100 전통주와 막걸리/Traditional liquor & Makgeolli - 21년 출제(전통주와 세계화 방안)

전통주 배경 한국은 오랜 역사와 농업 문화, 그리고 문화적인 요소 등이 조합되어 다양한 종류의 전통주가 발전했습니다.

특징 오랜 세월 동안 농업이 중요한 산업으로 발전해 온 한국은 특히 주요 농작물인 쌀로 만든 술이 전통적으로 중요한 역할을 해왔고, 막걸리, 소주, 청주 등 다양한 전통주의 주원료로 사용되었습니다. 발효 음식 문화의 발달로, 술 역시 발효를 통해 만들어지는 경우가 많습니다.
또한 한국 문화에서는 결혼식, 장례식, 제사 등 다양한 행사에서 특별한 전통주가 사용되며, 이를 통해 가족, 이웃 간의 소통과 공유를 도모합니다.

예시 이러한 배경과 함께 각 지역에서는 다양한 전통주를 발전시켜 왔으며, 대표적으로는 면천 두견주, 안동소주, 전주 이강주 등이 있습니다.

전통주 배경 Korea's long history, farming culture, and cultural background have led to the development of a wide variety of traditional liquors.

특징 Agriculture has long been an important industry in Korea, and rice has traditionally played an important role in being used as the main ingredient in traditional liquors, including makgeolli, soju, and cheongju. With the development of fermented food culture, traditional liquor is often made through fermentation.
In addition, in Korean culture, special traditional liquors are used at various events, such as weddings, funerals, and festivals, to promote communication and sharing among family members and neighbors.

예시 Along with this background, each region has developed a variety of traditional liquors, including Dugyeonju, Andong Soju, and Yigangju.

Note

막걸리 정의 막걸리는 오늘날 가장 인기 있는 한국 전통주 중 하나로 오랫동안 한국 서민들의 사랑을 받아 온 술입니다.

특징 막걸리는 쌀에 누룩과 물을 섞어 발효시키는데, 술이 완성되면 유백색을 띠는 것이 특징입니다. 알코올 도수가 4~8% 정도로 낮습니다. 다른 술에 비해 단백질이 풍부하고 칼로리가 낮은 것이 특징이며(유산균과 효모가 풍부함) 막걸리의 맛은 발효 방식, 쌀의 종류, 제조 방법에 따라 달라지고, 산약초, 잣, 배, 검은콩, 포도, 앵두 등 다양한 재료를 넣어 만들기도 합니다.

체험 최근 막걸리는 '웰빙 음료'로 인기를 얻으며 국제 행사에서 자주 소개되고 있으며, 맛과 영양을 인정받아 여러 나라에서 한국의 국민 주류로 소개되고 있습니다. 외국인 관광객은 전통시장에서 녹두전과 함께 막걸리를 마시거나 막걸리 양조장을 찾아 직접 만들어 보는 등 다양한 방식으로 막걸리를 체험하고 있습니다.

막걸리 정의 Makgeolli is one of the **most popular traditional Korean liquors** today, and **Koreans have loved it for a long time.**

특징 Makgeolli is **fermented by mixing rice with Nuruk and water** and becomes a **milky-colored** liquor. It has a low **alcohol content of 4~8%** and is **rich in protein and low in calories** compared to other liquors. **The flavor of makgeolli depends on the way of fermentation,** the type of rice and the brewing process. But it can also be **made with other ingredients,** such as wild herbs, pine nuts, pears, black beans, grapes, and black cherries.

체험 In recent years, makgeolli has gained popularity as a **'well-being drink.'** It is often featured at international events and introduced as **Korea's national drink** in many countries in recognition of its flavor and nutrition. International **tourists can experience makgeolli in various ways,** such as by drinking it with mung bean pancakes at traditional markets or visiting a makgeolli brewery to make their own.

Note

101 전통혼례/Traditional Wedding Ceremony - 23년 출제

전통혼례 한국에서의 결혼은 중요한 가족 행사 중 하나로 두 사람의 결합이 아닌 두 가족의 결합을 의미합니다. 전통혼례의 절차는 조선 시대 혼례식을 기준으로 하며, 전통적인 유교적 가치를 중심으로 이루어집니다. 지역과 가문에 따라 차이가 있으나, 보통 신부의 집에서 진행됩니다. 최근 현대적인 결혼식이 더 많아지고 있지만, 여전히 전통적인 요소들이 일부 결혼식에서 유지되고 있고, 한국민속촌에서 전통혼례를 재현하고 있어 관람이 가능합니다.

폐백 폐백은 신부가 혼례를 마치고 친정을 떠나 시댁에서 행해지는 의례로 새로운 부부를 축하하고, 새로운 가족을 맞아 앞으로 잘 살겠다는 의미가 담겨 있습니다. 신부는 미리 친정에서 준비해온 음식(대추·밤·술·안주·과일 등)을 상 위에 올려놓고 시부모와 시댁의 어른에게 큰절과 술을 올리고, 시부모님은 밤과 대추를 던지며 아들딸 많이 낳고 행복한 결혼생활을 하라는 의미로 격려합니다. 신부는 이 의식을 통해 신랑 가족의 일원이 됩니다.

이바지 음식 이바지는 신부 측에서 신랑 측 가족에게 선물하는 혼례 음식으로 신부의 어머니가 정성스럽게 준비하는 음식입니다. 이바지 음식은 지역과 집안에 따라 차이가 있으나 보통 갈비, 과일, 떡 등을 싸서 보냅니다. 즉 '이바지'란 친정어머니가 딸이 시댁에서 사랑받기를 원하는 정성이 담긴 귀한 음식입니다.

전통혼례 In Korea, weddings are considered one of the major family events. In Korea, a marriage between a man and woman represents the joining of two families, rather than the joining of two individuals. The traditional wedding ceremony is based on the Joseon dynasty's Confucian values. It differs by region and family but usually takes place in the bride's home. Although modern weddings are becoming more popular these days, we can still find tradition in the wedding ceremony. Visitors can enjoy traditional wedding ceremonies in the Korean Folk Village.

폐백 Pyebaek is a ritual performed at the in-laws' home after the wedding ceremony. This is to congratulate the new couple and to wish them good luck with their new family. The bride prepares foods (dates·chestnuts·drinks·snacks·fruits etc.) and bows to her husband's family members. During pyebaek, the parents throw chestnuts and dates to encourage them to have many sons and daughters and bless a happy marriage. The bride becomes a member of the groom's family through this ceremony.

이바지 음식 Ibaji is a traditional **wedding food that the bride presents to the groom's family,** and the bride's mother **carefully prepares the food**. The food can **vary depending on the family style and region,** but commonly consists of **galbi, fruit, and rice cakes.** Ibaji food contains **the love of the bride's mother,** who wishes that her daughter would be loved by her parents-in-law and would have a happy marriage.

Note

102 템플스테이/Templestay - 19년 출제

정의 템플스테이 또는 사찰 체험은 한국의 전통사찰에 머물면서 사찰의 일상생활을 체험하고 한국 불교의 전통문화와 수행 정신을 체험해 보는 프로그램입니다.

특징 2002년에 처음 시작된 템플스테이는 일상적인 사찰 수행 활동을 통해 한국 불교와 생활양식, 의식, 영성을 체험할 수 있는 특별한 기회로 일반적으로 템플스테이 프로그램에는 예불, 참선, 발우공양, 다도, 만들기 체험 등이 포함됩니다. 템플스테이 기간은 프로그램에 따라 몇 시간에서 며칠까지 다양하고, 많은 사찰에서 템플스테이 프로그램을 제공하고 있습니다.

체험 템플스테이는 치유와 내면의 평화를 위한 시간이며 삶의 고단함을 잊을 수 있는 완벽한 프로그램으로, 내국인은 물론 외국인들에게도 한국 불교를 체험할 수 있는 가장 인기 있는 프로그램입니다.

정의 Templestay is a program where you can **stay at a temple** and **experience the daily life and traditional culture of Korean Buddhism.**

특징 **First started in 2002,** templestay is a **unique opportunity** to experience Korean Buddhism and its lifestyle, rituals, and spirituality in daily temple activities. Generally, a **templestay program includes a Buddhist service, Zen meditation, monastic meal (발우공양), tea ceremonies, handcrafts,** etc. Templestay programs are **available at many temples,** and the duration of a stay can range **from a few hours to a few days,** depending on the program.

체험 A templestay is a time for **healing and inner peace,** and it's the perfect way to escape life's difficulties. It is one of the **most popular ways to experience Korean Buddhism** for locals and international tourists.

※ 기출문제 연관 키워드

#한국에서만가능한콘텐츠 #한국을대표하는콘텐츠 #외국인추천콘텐츠
#베지테리안추천음식 #체험콘텐츠

Note

103 십장생/10 Longevity symbols - 16, 23년 출제

정의 십장생은 동양 문화에서 길조와 장수를 상징하는 열 가지 상징을 말합니다. 이는 대체로 신선 사상과 민간 신앙에서 유래한 것으로, 각각의 요소는 장수, 건강, 행운, 번영 등을 상징합니다.

상징물 십장생에 포함되는 대표적인 요소들은 해, 산, 물, 구름(이상 자연물), 소나무, 대나무, 불로초(이상 식물), 거북, 학, 사슴(이상 동물) 등이 있습니다.

관광자원 십장생은 주로 미술 작품, 공예품, 건축물 등 다양한 형태로 표현되며, 경복궁 자경전 십장생 굴뚝은 십장생도를 볼 수 있는 대표적인 유산으로 보물로 지정되었습니다.

정의 The ten elements symbolize good fortune and longevity in Eastern cultures. They originate from Taoism and folk religion, and each element symbolizes longevity, health, luck, prosperity, and more.

상징물 Those symbols are the sun, mountains, water, and clouds (natural objects), pine, bamboo, and mushrooms (plants), and turtles, cranes, and deer (animals).

관광자원 These symbols appear in many kinds of Korean art, crafts, and architecture. One of the most representative of the ten symbols is the chimney at Jagyeongjeon Hall in the Gyeongbokgung Palace.

Note

국가유산

104 국보와 보물/National Treasures & Treasures - 18,19,20,24년 출제

서론 국보와 보물은 한국의 국가유산을 분류하는 기준입니다.

본론 1) 보물) 보물은 건조물·전적·서적·고문서·회화·조각·공예품·고고자료 등의 유형문화유산 중 중요한 문화유산을 의미합니다. 대표적인 보물로는 흥인지문, 경복궁 자경전 십장생 굴뚝, 창덕궁 낙선재 등이 있습니다.

2) 국보) 국보는 보물에 해당하는 유산 중 그 가치가 크고 유례가 드문 문화유산을 의미합니다. 현재 대표적인 국보로 숭례문, 경천사지십층석탑, 신라금관, 경복궁 근정전 등이 있습니다.

결론 국보와 보물은 역사 문화적으로도 중요한 의미를 가질 뿐 아니라 관광자원으로서 많은 관광객을 불러 모으는 역할을 담당하며 지역 관광 활성화에도 큰 영향을 미치고 있습니다.

서론 National treasures and Treasures are the criteria for classifying cultural heritage in Korea.

본론 1) 보물) Treasures refer to important cultural heritage items among tangible cultural assets such as buildings, books, old documents, paintings, sculptures, crafts, and archaeological materials. Notable examples include Heunginjimun, the Ten Longevity Chimney at Gyeongbokgung Palace(경복궁 자경전 십장생 굴뚝), and Nakseonjae at Changdeokgung Palace.

2) 국보) National Treasures are cultural heritage items that are considered treasures but have even more value and are very rare. Notable examples include Sungnyemun, the Ten-story Stone Pagoda of Gyeongcheonsa Temple Site(경천사지십층석탑), the Silla Gold Crown, and Geunjeongjeon Hall at Gyeongbokgung Palace.

결론 National treasures and treasures have historical and cultural significance. In addition, as a tourism resource, they attract a large number of tourists and have a great impact on the promotion of local tourism.

105 사적과 명승/Historic Site & Scenic Site - 22,23년 출제

서론 사적과 명승은 한국의 문화유산을 분류하는 기준입니다.

본론 1) 사적) 사적은 역사적, 문화적, 정치적인 의미를 지니고 있는 장소나 건물로 흔히 박물관, 유적지, 기념비, 역사적 건축물 등입니다. 대표적인 사적으로는 서울 한양도성, 경복궁, 경기의 수원화성 등 이 있습니다.

2) 명승) 명승은 자연경관, 역사문화경관, 복합경관으로 구성된 자연유산으로서, 심미적, 역사적, 학술적 가치를 지닌 공간을 의미합니다. 대표적인 명승으로는 강릉 경포대와 경포호, 설악산 울산바위, 한라산 백록담 등이 있습니다.

결론 사적과 명승은 역사 문화적으로도 중요한 의미를 가질 뿐 아니라 관광자원으로서 많은 관광객을 불러 모으는 역할을 담당하며 지역 관광 활성화에도 큰 영향을 미치고 있습니다.

서론 Historic sites and scenic sites are the criteria for classifying cultural heritage in Korea.

본론 1) 사적) Historic sites refer to places or buildings with historical, cultural, or political significance, such as museums, ruins, monuments, and historical structures. Notable examples include Seoul's Hanyang City Wall, Gyeongbokgung Palace, and Suwon Hwaseong Fortress in Gyeonggi Province.

2) 명승) Scenic sites refer to a natural heritage area comprising natural, historical and cultural, and mixed landscapes, holding aesthetic, historical, and academic value. Notable examples include Gyeongpodae Pavilion and Gyeongpo Lake in Gangneung, Ulsan Bawi Rock in Seoraksan, and Bangkokian Crater Lake in Hallasan.

결론 Historic sites and scenic sites have historical and cultural significance. In addition, as a tourism resource, they attract a large number of tourists and have a great impact on the promotion of local tourism.

※ 사적과 명승의 영어 명칭인 Historic site와 Scenic site의 명칭을 일반적인 명칭과 헷갈리지 않도록 유념해야 합니다. (역사적인 장소 또는 경치가 좋은 장소를 추천하라는 것이 아님)

106 석가탑/Seokgatap pagoda - 23년 출제

석가탑은 한국의 국보 중 하나로 정식 명칭은 불국사 3층 석탑이며, 무영탑이라는 별칭을 가지고 있습니다. 화강암으로 만든 석탑으로 경주 불국사 대웅전 앞 서쪽에 위치해 있고, 불국사가 창건된 8세기 때 조성된 것으로 추측됩니다.

2단의 기단 위에 3층의 탑신을 세운 석탑으로 높이는 10.75미터입니다. 비례와 균형감으로는 한국의 석탑 중에서 최고이자, 신라 시대 3층 석탑의 완성형이라고 평가되고 있습니다.

1966년 탑을 수리하면서 여러 가지 사리용기 유물과 함께 세계에서 가장 오래된 목판인쇄물로 알려진 『무구정광대다라니경』을 발견해 큰 주목을 받았습니다.

Seokgatap is one of the national treasures of Korea, officially known as the three-story stone pagoda of Bulguksa Temple and nicknamed Muyeongtap. It is located on the west side in front of Daeungjeon Hall of Bulguksa Temple in Gyeongju. This granite stone pagoda is believed to have been built in the 8th century, when Bulguksa Temple was founded.

Seokgatap is a three-story pagoda on top of a two-story base stone and is 10.75m high. It is considered to be the best of Korean stone pagodas in terms of proportion and balance and the perfect example of a pagoda from the Silla period.

In 1966, during the restoration work, various Buddhist relics were discovered, along with the world's oldest woodblock print of the 『MuguJeonggwang Darani Sutra』.

Note

106 다보탑/Dabotap pagoda - 23년 출제

다보탑은 한국의 국보 중 하나로 불국사가 창건된 8세기 때 조성된 것으로 추측되는 독특한 형태의 석탑입니다. 탑의 높이는 10.29미터이고 경주 불국사 대웅전 앞 동쪽에 위치해 있습니다.

다보탑은 목조건축의 복잡한 구조를 창의적으로 풀어내어 4각, 8각, 원을 하나의 탑 안에서 잘 조화시켜 통일신라 미술의 정수를 보여줍니다. 다보탑은 신라시대 이후 크게 파괴되지 않고 전해졌으며, 석가탑과 함께 쌍탑을 이루지만 그 형태는 매우 독특합니다.

기단의 돌계단 위에 놓여있던 네 마리의 돌사자 가운데 현재 한 마리의 돌사자만 남아 전해지고 있으며, 다보탑은 대한민국 10원짜리 동전 뒷면에 새겨져 있습니다.

Dabotap is a special-shaped stone pagoda that is one of the national treasures of Korea. It is believed to have been built in the 8th century, when Bulguksa Temple was founded. It is located on the east side in front of the Daeungjeon Hall at Bulguksa Temple and is 10.29m high.

The Dabotap is a unique stone pagoda that combines different shapes, such as square, octagon, and circle, in a creative way. It shows the beauty of Unified Silla art with its interesting design. Since the Silla dynasty, the pagoda has been preserved without significant damage. Along with the Seokgatap, it forms a pair of pagodas, though its shape is very distinctive.

Originally, there were four stone lions on the pagoda, but only one remains today. The Dabotap is also featured on the back of the South Korean 10-won coin.

Note

Note

05

대표 관광지

05

대표 관광지

학습 내용 및 목표

본 단원에서는 국내 대표 관광지에 대해 학습합니다. 관광통역안내사 시험뿐 아니라 외국인 관광객과 투어 시 자주 방문하는 곳들로 구성하였습니다. 학습한 관광지를 직접 방문한다면 더욱 생생하게 기억할 수 있고, 보다 효과적으로 답변을 준비하실 수 있습니다.

준비 방향

가. 서울 대표 관광지

서울의 대표적인 관광지는 기출문제로 자주 출제되면서도 외국인에게 가장 인기 있는 서울 관광지를 중심으로 구성했습니다. 비슷한 곳을 비교하는 문제도 자주 출제되고 있습니다.(경복궁과 창덕궁 비교 or 북촌과 서촌한옥마을 비교 등) 준비된 관광지를 활용해 유사한 성격의 관광지 또한 답변할 수 있도록 응용해 표현하는 연습을 해 보세요.

나. 지역 대표 관광지

서울 이외 각 지역별로 외국인이 가장 많이 방문하면서도 시험에 자주 출제되는 관광지 위주로 구성했습니다. 관광지의 역사적, 문화적인 배경을 중심으로 출제되고 있습니다.

다. 국립공원

매년 출제되는 문제 중 하나로 국립공원에 대한 전반적인 이해가 필요합니다. 연도, 지정 순서 등 다양한 방식으로 출제되고 있습니다.

출제 빈도: ★★★　중요도: ★★★★

서울과 지역이 대표 관광지는 자주 출제되지는 않지만 누구에게나 익숙한 곳들이 대부분입니다. 따라서 관광지와 관련된 지식뿐 아니라 현재 관광 트렌드를 언급하는 것이 중요하다고 할 수 있습니다. 국립공원은 매년 출제되고 있어 빈도와 중요도 면에서 중요한 문제입니다.

Note

서울 대표 관광지

107 경복궁/Gyeongbokgung Palace - 16, 18, 20, 23년 출제

정의 1395년(태조 4년)에 창건된 경복궁은 조선의 법궁이자 으뜸이 되는 궁궐이었습니다. '경복'은 시경에 나오는 말로 '왕과 그 자손, 온 백성들이 태평성대의 큰 복을 누리기를 축원한다'는 의미입니다.

역할 조선의 궁궐은 왕실의 거처이자 정치와 행정의 중심지 역할을 했으며, 풍수지리적으로도 백악산을 뒤로하고 남으로는 한강으로 둘러싸여 있어, 길지의 요건을 갖추고 있습니다.

연혁 1592년 임진왜란으로 소실되었다가 1867년 흥선대원군대에 재건되었습니다. 일제강점기에는 조선 총독부 건물을 짓는 등 많은 전각들이 훼손되었으나, 1990년대부터 총독부 건물을 철거하는 등 복원 사업을 진행 중에 있습니다.

전각 대표 전각으로는 궁궐의 중심이자 정전으로 사용된 근정전, 연회를 베풀었던 경회루, 아름다운 정자인 향원정 등이 있습니다.

관광자원 경복궁은 서울 5대 궁 중 가장 많은 방문객이 방문하는 서울의 대표 관광자원으로, 특히 수문장 교대식으로 잘 알려져 있습니다. 최근 한류 가수들의 뮤직비디오나 유명 브랜드의 패션쇼 장소로 활용되는 등 대표적인 서울의 관광지라고 할 수 있습니다.

정의 Gyeongbokgung Palace was the first and main royal palace built by King Taejo, the first king of the Joseon dynasty, in 1395. The name 'Gyeongbok' translates to 'Palace, Greatly Blessed by Heaven' in English.

역할 It plays the role of the center of politics and administration as well as the royal family's living quarters in the dynasty. The palace was constructed according to the traditional practice of geomancy, or Feng shui, with the mountain to the north and the Hangang River to the south.

연혁 Unfortunately, it was burned down during the Japanese invasion of 1592 and rebuilt in 1867 by Heungseon Daewongun (흥선대원군). Many of the buildings at the palace were demolished during the Japanese colonial period again, and they have now been restored to their original state since the 1990s.

전각 Gyeongbokgung Palace **comprises many buildings,** most notably Geunjeongjeon, a throne hall; Gyeonghuiru, a royal banquet hall; and Hyangwonjeong, a beautiful pavilion.

관광자원 Gyeongbokgung Palace is the **most visited palace** among the five palaces in Seoul, and the **Royal Guard Changing Ceremony** is one of the highlights of the palace tour. Recently, it has been used as a venue for music videos of K-pop stars and fashion shows of famous brands, making it a popular tourist destination.

Note

108 창경궁/Changgyeonggung Palace

역사 창경궁은 세종이 아버지 태종의 거처로 지은 궁궐로, 1483년 성종이 세분의 대비를 모시기 위해 증축하면서 창경궁이라 불렸습니다. 창경궁은 창덕궁과 연결되어 동궐이라는 하나의 궁역을 형성하였습니다.

연혁 1592년 임진왜란으로 모든 전각이 소실되었고, 1616년(광해군 8년)에 재건되어 이후 경복궁 중건 전까지 창덕궁과 함께 법궁으로서의 역할을 했습니다. 일제강점기에는 창경원으로 명칭이 격하되고, 동물원과 식물원을 만들어 일반에 공개하면서 조선 왕실의 권위를 무너뜨렸으나, 최근 복원을 통해 옛 모습을 되찾게 되었습니다.

전각 대표 전각으로는 조선의 궁궐 정전 중 가장 오래된 명정전, 봄, 가을 경치로 아름다운 춘당지, 사도세자와 관련 있는 문정전 등이 있습니다.

관광자원 최근 한류의 영향으로 한복을 입고 궁궐을 관광하는 외국인 방문객도 증가하고 있으며, 덕수궁과 함께 상시 야간개방을 하고 있어 아름다운 궁궐의 야경을 관람할 수 있는 최고의 관광 명소입니다.

역사 Changgyeonggung Palace was originally built by King Sejong as a residence for his father, King Taejong. It was renovated and enlarged by King Seongjong in 1483 to be used as a residence for three queens. Because of its location east of Gyeongbokgung Palace, it is also called the 'Donggwol' or the 'East Palace' with Changdeokgung Palace.

연혁 Unfortunately, the palace was burned down in 1592 during the Japanese Invasion and restored in 1616, becoming the main palace for the next 270 years. During the Japanese occupation, it was downgraded Changgyeongwon Park and opened to the public as a zoo and botanical garden, collapsed the authority of the Joseon royal family, but a recent restoration has brought it back to its original status.

전각 Myeongjeongjeon, the oldest throne hall of the Joseon dynasty; Chundangji, with its beautiful landscape in spring and autumn season; and Munjeongjeon, related to the Crown Prince Sado (사도세자), are the main pavilions in this palace.

관광자원 Thanks to the K-culture effect, many international tourists enjoy wearing Hanbok and taking pictures with the palace. Together with Deoksugung Palace, the palace is always open at night, making it a great place to see the beautiful night view of the palace.

109 덕수궁(경운궁)/Deoksugung Palace - 18,20년 출제

역사 덕수궁은 조선 시대 궁궐로 1592년 임진왜란이 일어나자, 의주로 **피난 갔던 선조가 한양으로 돌아와** 당시 월산대군 후손의 집과 인근의 **민가 여러 채를 합하여 임시 거처인 행궁으로 삼았던 것**이 그 시작이었습니다.

연혁 이후 법궁의 역할이 재건된 창덕궁으로 옮겨진 후 **270년 동안 비어 있다,** 고종이 1897년 러시아 공사관에서 **환궁(아관파천) 한 이후** 이곳에 거처를 정했습니다.

특징 덕수궁은 고종이 **대한제국을 선포**하고 황제 즉위식을 거행한 곳이지만, 일제에 의해 **강제로 황위를 순종에게 물려준 가슴 아픈 역사**가 있는 곳이기도 합니다.

전각 **대표 전각**으로는 덕수궁의 정문인 대한문, 중심 건물이자 정전인 중화전, 조선의 궁궐 중 유일하게 서양식 건물인 석조전과 정관헌 등이 위치하고 있습니다.

관광자원 덕수궁은 서울의 **대표 관광자원**으로 특히, **수문장 교대식**으로 잘 알려져 있습니다. 최근 **한류의 영향**으로 한복을 입고 궁궐을 관광하는 외국인 방문객도 증가하고 있으며, 창경궁과 함께 **상시 야간개방**을 하고 있어 아름다운 궁궐의 야경을 관람할 수 있는 최고의 관광 명소입니다.

역사 During the Japanese invasion, King Seonjo **fled away from the Japanese troops.** When he returned to Hanyang, he used this place as a **temporary palace,** which was originally the residence of one of the royal family's relatives (월산대군).

연혁 It has been **vacant for 270 years** since the official palace was moved to the rebuilt Changdeokgung Palace. **King Gojong returned from the Russian legation** in 1897 (아관파천), and he chose to reside in this place.

특징 This is a **historically significant place** where King Gojong proclaimed the Korean Empire (1897) and was forced to hand over the throne to his son, Emperor Sunjong (1907).

전각 **Representative halls** include Daehanmun, the main gate of Deoksugung Palace; Junghwajeon, the main throne hall; and the only Western-style buildings in the palace, Seokjojeon and Jeonggwanheon.

관광자원 Deoksugung Palace is one of the **most famous tourist spots** in Seoul, and the **Royal Guard Changing Ceremony** is one of the highlights of the palace tour. **Thanks to the K-culture effect,** many international tourists enjoy wearing Hanbok and taking pictures with the palace. The palace, along with Changgyeonggung Palace, is **always open at night,** making it a great place to see the beautiful night view of the palace.

110 경희궁/Gyeonghuigung Palace - 20년 출제

역사 경희궁은 조선 시대 궁궐로 1623년(광해군 10년)에 건립한 이후, 10대에 걸쳐 임금이 정사를 보았던 궁궐입니다. 경희궁은 동궐인 창덕궁과 창경궁의 이궁으로 사용되었고, 경복궁의 서쪽에 있다고 하여 서궐이라고도 불렸는데, 이는 창덕궁과 창경궁을 합하여 동궐이라고 불렸던 것과 대비되는 별칭입니다.

연혁 인조 이후 철종에 이르기까지 10대에 걸쳐 임금들이 이곳 경희궁을 이궁으로 사용하였는데, 특히 영조는 치세의 절반을 이곳에서 보냈습니다.

특징 궁궐 경내에는 모두 100여 채의 크고 작은 건물이 있었으나 일본 경성중학교가 궁궐 안으로 들어오면서 궁궐의 많은 전각들이 대부분 헐려 나갔고, 그 면적도 절반 정도로 축소되었습니다. 현재는 복원 공사를 거쳐 2002년에 일반에 다시 개방되었습니다.

전각 현재 남아있는 건물은 정문이었던 흥화문과 정전이었던 숭정전 등이 있습니다.

역사 The palace was originally constructed by King Gwanghaegun, the 15th king of the Joseon dynasty. It was completed in 1623 and served as a secondary palace of the Eastern Palaces. It was also called 'Seogwol' (palace of the west) because it is located west of the Gyeongbokgung Palace.

연혁 From King Injo to Cheoljong, about ten kings from the Joseon dynasty stayed here at Gyeonghuigung Palace, and King Yeongjo spent half of his reign here.

특징 Altogether, there were about 100 small and large buildings on the palace grounds. But the Japanese Gyeongseong Middle School moved into the palace, and as a result, much of the palace has been ruined and demolished. Following intensive restoration work, it reopened to the public in 2002.

전각 Only a few buildings remain today, such as Heungwamun Gate, the main gate, and Sungjeongjeon, the main hall.

111 5대궁 - 16, 18,20,23년 출제

서론 서울은 500년간 조선의 수도로 **조선 왕실에서 국가 통치와 거주를 목적**으로 궁궐을 만들었습니다. 현재 서울에는 **경복궁, 창덕궁, 창경궁, 경희궁, 덕수궁 등** 총 5개의 궁궐이 남아 있습니다.

본론 1) **경복궁**은 가장 처음 지어진 조선의 법궁으로 서울을 대표하는 궁궐입니다.

2) **창덕궁**은 자연과의 조화가 잘 이루어진 가장 한국적인 궁궐로 꼽히고 있으며, 후원과 함께 1997년 유네스코 문화유산으로 지정되었습니다.

3) **창경궁**은 창덕궁과 함께 동궐로 불렸으며, 일제강점기에는 창경원으로 명칭이 바뀌면서 동물원과 식물원으로 전락했던 역사가 있습니다.

4) **경희궁**은 한때 100여 개가 넘는 전각들로 이루어진 규모가 큰 궁궐이었지만, 역시 일제강점기 때 훼손되고 현재는 몇 개의 건물만 남아 있습니다.

5) **덕수궁**은 임진왜란 때 처음 사용된 궁으로 이후 고종 대에 대한제국을 선포하는 등 한국의 근대사와 관련이 많은 궁궐입니다.

결론 현재 조선의 5대궁은 **한국을 대표하는 역사유적**이자 **관광자원으로 활용**되고 있습니다. 경복궁과 덕수궁에는 **수문장 교대식**을 관람할 수 있고, 창경궁과 덕수궁은 **야간관광의 대표적인 장소**로 활용되고 있습니다. 봄과 가을에는 **궁중문화축전**이 열려 다양한 궁궐 문화를 체험할 수 있습니다.

서론 Seoul was the capital city of the Joseon dynasty for 500 years, and the royal family built palaces for the **purposes of politics and residence. There are five remaining palaces in Seoul**: Gyeongbokgung Palace, Changdeokgung Palace, Changgyeonggung Palace, Gyeonghuigung Palace, and Deoksugung Palace.

본론 1) **Gyeongbokgung Palace** was the first of the five palaces and is the most representative of the palaces in Seoul.

2) **Changdeokgung Palace** is considered the most Korean palace in harmony with nature and was designated a UNESCO World Heritage Site in 1997 with its rear garden.

3) **Changgyeonggung Palace** was once called Donggwol alongside Changdeokgung Palace, and during the Japanese occupation, it was renamed Changgyeongwon and turned into a zoo and botanical garden.

4) **Gyeonghuigung Palace** was once a large palace with over 100 pavilions, but it was also damaged during the Japanese occupation, and only a few buildings remain today.

5) **Deoksugung Palace** was first used during the Imjin War and has many historical references to Korea's modern history, including the declaration of the Korean Empire.

결론 Today, the five palaces are used as **historical sites and tourist resources** in Korea. Gyeongbokgung Palace and Deoksugung Palace are where we can see the **Royal Guard Changing Ceremony**, and Changgyeonggung Palace and Deoksugung Palace are **popular places for night sightseeing.** In the spring and autumn seasons, the **K-Royal Culture Festival** is held, where we can enjoy the palace culture through various experiences.

Note

112 한양도성/Seoul City Wall - 18,19,20,22년 출제

위치 한양도성은 서울시의 대표적인 랜드마크 중 하나로 서울의 중심에 위치해 있습니다.

정의 한양도성은 1396년 축조된 조선 시대 수도 한양을 둘러싼 성곽입니다.

특징 1) 한양도성은 수도 한양의 경계를 표시하고 외부의 침입으로부터 방어를 위한 목적으로 축조되었습니다.

2) 성벽은 백악산, 낙산, 남산, 인왕산의 산맥을 따라 18.6km에 걸쳐 뻗어 있으며, 평균 높이는 7~8m에 이릅니다.

3) 한양도성은 원래 1396~1398년에 축조된 8개의 성문으로 구성되었습니다. 성곽의 북쪽, 남쪽, 동쪽, 서쪽 문은 '4대문'(숙정문, 흥인지문, 숭례문, 돈의문)이고, 북서문, 동북문, 서남문, 동남문은 '4소문'(창의문, 혜화문, 광희문, 소의문)입니다.

4) 이 중 현재는 돈의문과 소의문을 제외한 6개의 성문만 남아 있습니다.

관광자원 한양도성은 서울의 대표적인 관광자원으로 활용되고 있습니다. 특히 백악산과 인왕산 구간은 서울의 멋진 풍경을 감상할 수 있는 트래킹 코스로, 낙산 구간은 야간 관광지로, 남산 구간은 다양한 K-드라마의 촬영지로 많은 관광객이 찾고 있습니다.

의의 한양도성은 조선 시대 축성 기술의 변화를 이해할 수 있는 훌륭한 유산으로, 세계에서 수도를 둘러싸고 있는 가장 오래된 성벽으로 알려져 있어, 서울시는 한양도성을 유네스코 문화유산으로 등재하기 위해 노력하고 있습니다.

위치 Seoul City Wall is one of the most famous landmarks in Seoul, located in the center of the city.

정의 It was built in 1396 as a wall surrounding the capital city of Hanyang during the Joseon dynasty.

특징 1) The wall was built to mark the boundaries of the capital city, Hanyang, and to protect the city from foreign invasions.

2) The wall stretches for 18.6km along the ranges of Baekaksan, Naksan, Namsan, and Inwangsan Mountains and stands at an average height of 7~8m.

3) The wall originally consisted of eight gates built between 1396~1398. The North, South, East, and West gates of the wall are known as the '4 Great Gates' (숙정문, 흥인지문, 숭례문, 돈의문), while the Northwest, Northeast, Southwest, and Southeast gates are known as the '4 Small Gates' (창의문, 혜화문, 광희문, 소의문).

4) Today, only six gates remain, excluding the Doneuimun Gate and the Soeuimun Gate.

관광자원 The Seoul City Wall is used as a **representative tourist resource** in Seoul. In particular, the Baekaksan and Inwangsan sections are **trekking courses** with stunning views of Seoul; the Naksan section is a **night tourist spot**; and the Namsan section is a **filming location** for various K-dramas.

의의 It is known as the **oldest city wall** surrounding the capital in the world and is a great resource for **understanding the changes in construction** techniques during the Joseon dynasty. So, Seoul City is working on registering this as a UNESCO Cultural Heritage.

※ **시험에 자주 출제되는 4대문과 4소문의 경우, 위의 내용을 활용해 답변할 수 있도록 준비합니다. 특히 문의 이름도 모두 외워 답변할 수 있도록 구성하시기 바랍니다.**

※ **면접 관련 연관 키워드**

#4대문과4소문 #서울대표관광지 #야경투어 #한류관광지 #한양도성

Note

113 4대문/4 main gates - 16,17,18,19,20,21,22년 출제

정의 한양도성은 조선 시대 서울의 방어와 도시 계획을 위해 세워진 성곽으로, 도성을 둘러싸는 4대문은 **남쪽의 숭례문, 동쪽의 흥인지문, 서쪽의 돈의문, 북쪽의 숙정문**으로 구성되어 있습니다. 4대문의 이름은 **유교 사상의 '인의예지신'과 관련**이 있습니다.

숭례문 숭례문은 한양도성의 **남쪽에 위치한 문**으로, **1398년에 건립**되어 조선 시대 서울의 **대표적인 출입문** 역할을 했습니다. 이 문은 **'예'를 상징**하며, **한국의 국보로 지정**되었습니다. 2008년에 발생한 **화재로 큰 손상**을 입었으나, 이후 복원 작업을 통해 원래의 모습을 되찾았습니다.

흥인지문 흥인지문은 한양도성의 **동쪽에 위치한 출입문**으로, **1396년에 완공**되었습니다. 흥인지문은 **'인'을 상징**하며, 방어 기능을 강화하기 위해 **옹성을 갖춘 독특한 구조**로 지어졌습니다. 흥인지문은 **보물로 지정**되었습니다.

돈의문 돈의문은 한양도성의 **서쪽 출입문**으로, 조선 시대에 중요한 역할을 했으며 **'의'를 상징**합니다. 1915년 **일제강점기에 철거**되어 현재는 남아 있지 않습니다. 하지만 서울시는 돈의문의 역사적 가치를 인정하고, **복원을 추진**하고 있습니다.

숙정문 숙정문은 한양도성의 **북쪽 출입문**으로, **1396년에 건축**되었습니다. 숙정문은 다른 4대문과 달리 주로 **의례적인 목적으로 사용**되었습니다. 지금의 숙정문은 **1976년에 복원**한 문입니다.

관광자원 한양도성과 4대문은 오늘날에도 **중요한 관광 자원**으로서 많은 이들이 찾는 명소입니다. 서울의 역사와 문화를 체험할 수 있는 이곳들은 **서울의 과거와 현재를 연결해 주는 중요한 역할**을 하고 있습니다.

정의 Hanyangdoseong is the Seoul city wall built during the Joseon Dynasty to protect the city of Seoul. It surrounds the city and includes **four main gates: Sungnyemun to the south, Heunginjimun to the east, Donuimun to the west, and Sukjeongmun to the north.** The names of these four gates are associated with the **Confucian values of** 'benevolence, righteousness, propriety, wisdom, and trust.' **(인의예지신)**

숭례문 Sungnyemun is a gate **located on the southern side** of Hanyangdoseong. **Built in 1398**, it served as the **main entrance** to Seoul during the Joseon Dynasty. This gate represents **'propriety' (예)** and has been designated as a **national treasure of Korea.** Although it suffered significant **damage in a fire** in 2008, it was later restored to its original form.

흥인지문 Heunginjimun is the **eastern gate** of Hanyangdoseong, **completed in 1396.** This gate symbolizes **'benevolence' (인)** and was built with a unique structure that includes an **outer defensive wall, known as 'Ongseong,'** to enhance its protective function. Heunginjimun has been designated as a **treasure of Korea.**

돈의문 Donuimun was the **western gate** of Hanyangdoseong and played an important role during the Joseon Dynasty, symbolizing **'righteousness'.** However, it was **demolished during the Japanese occupation** in 1915 and no longer exists today. The city of Seoul recognizes the historical significance of Donuimun and is **working on a restoration project.**

숙정문 Sukjeongmun is the **northern gate** of Hanyangdoseong, **built in 1396.** Unlike the other four main gates, Sukjeongmun was primarily **used for ceremonial purposes.** The current Sukjeongmun was **restored in 1976.**

관광자원 Hanyangdoseong and its four main gates remain **important tourist attractions** today, visited by many people. These sites provide an opportunity to experience Seoul's history and culture, serving as a **bridge between the city's past and present.**

Note

114 4소문/4 small gates - 16,17,18,19,20,21,22년 출제

정의 한양도성은 조선 시대 서울의 방어와 도시 계획을 위해 세워진 성곽으로, 도성을 둘러싼 4대문 외에도 4개의 소문이 있었습니다. 이 **4소문은 도성의 추가적인 출입구**로서, 각각 **북서쪽의 창의문, 북동쪽의 혜화문, 서남쪽의 소의문, 동남쪽의 광희문**으로 구성되어 있었습니다.

창의문 창의문은 한양도성 **북서쪽에 위치**한 소문으로, '**자하문**'이라고도 불렸습니다. 창의문은 **1396년**에 처음 지어졌으나 현재의 문루는 **1741년에 보수**된 것입니다. 조선 시대 내내 창의문은 여러 차례 **폐쇄와 개방을 반복**했으며, **오늘날까지 원형을 유지**한 4소문 중 유일한 문입니다.

혜화문 혜화문은 한양도성의 **북동쪽에 위치**한 소문으로, '**동소문**'이라고도 불렸습니다. **1396년에 건립**된 혜화문은 주로 일반 **백성들이 통행하던 문**으로 도성의 **동북쪽 지역과 교류**를 담당했습니다. 현재 혜화문은 1994년 복원된 문입니다.

소의문 소의문은 한양도성의 **서남쪽에 위치**한 소문으로, '**서소문**'이라고도 불렸습니다. 이 문은 도성의 서쪽 출입구로 사용되었으나, **일제강점기 때 철거**되어 현재는 그 흔적을 찾아볼 수 없습니다.

광희문 광희문은 한양도성의 **동남쪽에 위치**한 소문으로, **1396년에 건립**되었습니다. 청계천과 가까워 '**수구문**'이라고 하였고, 도성의 장례 행렬이 통과하던 문이어서 '**시구문**'이라고도 불렸습니다. 현재 광희문은 **1975년 복원**한 문입니다.

관광자원 한양도성의 4소문은 한양도성의 **방어 체계와 교통망에서 중요한 역할**을 했으며 오늘날에도 서울의 역사와 문화를 체험할 수 있는 **중요한 관광 자원**으로 역할을 하고 있습니다.

Note

정의 Hanyangdoseong is the Seoul city wall built during the Joseon Dynasty to defend and plan the city of Seoul. In addition to the four main gates surrounding the city, there were also four smaller gates. These four small gates served as **additional entrances** to the city wall and were located at the **northwest (Changuimun), northeast (Hyehwamun), southwest (Soaemun), and southeast (Gwanghuimun).**

창의문 Changuimun, also called **'Jahamun,'** is located on the **northwest side** of Hanyangdoseong. Changuimun was first **built in 1396** and was **restored in 1741.** Throughout the Joseon Dynasty, Changuimun was **repeatedly closed and reopened,** and today it is the only one of the four small gates that has **retained its original form.**

혜화문 Hyehwamun is located on the **northeast side** of Hanyangdoseong, also known as **'Dongsomun.'** It was **built in 1396** and was mainly used by ordinary citizens, serving as a **connection to the northeastern areas** outside the city wall. The current Hyehwamun was **reconstructed in 1994.**

소의문 Soaemun, also known as **'Seosomun,'** was located on the **southwest side** of Hanyangdoseong. It was used as the western entrance to the city wall, but it was **demolished during the Japanese occupation,** and no traces of it remain today.

광희문 Gwanghuimun is located on the **southeast side** of Hanyangdoseong. It was **built in 1396.** Because it is near Cheonggyecheon stream, it was also called **'Sugumun'**, meaning "Water Gate." Additionally, it was known as **'Sigumun'**, meaning "Gate of the Dead," because it was the gate through which bodies were carried out during funerals. The current Gwanghuimun was **rebuilt in 1975.**

관광자원 The four small gates of Hanyangdoseong still serve as important **cultural and historical tourism resources** in Seoul. These gates played a crucial role in the wall's **defense system and transportation network.**

Note

115 북촌한옥마을/Bukchon Hanok Village - 19,23,24년 출제

위치 북촌한옥마을은 서울시의 대표적인 랜드마크 중 하나로 경복궁과 창덕궁, 종묘의 사이에 위치한 지역입니다.

정의 북촌한옥마을은 서울에서 가장 오래된 마을 중 하나로 한옥이 보존된 마을입니다. 청계천과 종로의 윗동네라는 이름에서 '북촌'이라는 이름으로 불리었으며, 당시로서는 왕실의 고위 관직에 있거나 왕족이 거주하는 고급 주거지구로 유명하였습니다.

특징 1) 북촌한옥마을은 많은 사적들과 문화유산, 민속자료가 있어 도심 속의 거리 박물관이라 불리는 곳으로

2) 한옥의 멋과 분위기가 살아 있는 북촌 골목길 곳곳에는 많은 공방이 자리하고 있어 내외국인 관광객에게 한국의 다양한 체험을 제공할 수 있습니다.

3) 또한 많은 한옥들이 관광객을 위한 게스트하우스로 단장해 한국의 전통가옥 체험을 제공하기도 하고, 카페나 식당 또는 갤러리로 활용돼 한국의 독특한 분위기를 제공합니다.

이슈 최근 북촌한옥마을은 오버투어리즘 피해지 중 하나로 투어 시에는 손님들이 주민들의 삶을 침해하지 않도록 가이드가 신경 써서 투어를 진행해야 합니다.

위치 Bukchon Hanok Village is one of Seoul's most iconic landmarks, between Gyeongbokgung Palace, Changdeokgung Palace, and Jongmyo Shrine.

정의 Bukchon Hanok Village is one of the oldest villages in Seoul where Hanoks have been preserved. Bukchon Hanok Village was named 'Bukchon' for the neighborhood above Cheonggyecheon Stream and Jong-ro Street, and at the time, it was known as a high-class residential area for the royal family and noble class.

특징 1) Bukchon Hanok Village is a street museum in the city center because of its many historical sites, cultural assets, and folklore materials.

2) Many workshops in Bukchon provide local and international tourists with various Korean experiences.

3) Many Hanoks have also been converted into guesthouses for tourists, offering traditional Korean home experience, and others are used as cafes, restaurants, or galleries, providing a unique Korean atmosphere.

이슈 Recently Bukchon Hanok Village has become one of the over-tourism sites, and guides must be careful to ensure that guests do not violate the lives of the residents during tours.

※ **오버투어리즘(p289)과 연계해 답변을 구성해 보시기 바랍니다.**

※ **면접 관련 연관 키워드**

#서울대표관광지 #한옥마을비교 #오버투어리즘

Note

116 서촌한옥마을/Seochon Hanok Village - 19,20,23,24년 출제

위치 서촌한옥마을은 서울시의 대표적인 랜드마크 중 하나로 경복궁과 인왕산 사이에 위치한 지역입니다.

정의 서촌한옥마을은 서울에서 가장 오래된 마을 중 하나로 한옥이 보존된 마을입니다. 경복궁의 서쪽 동네라는 이름에서 '서촌'이라는 이름으로 불리었으며, 조선 시대 중인들이 주로 머물던 동네입니다.

특징 1) 서촌은 겸재 정선, 추사 김정희, 화가 이중섭, 시인 이상 등 당대 최고의 예술가들이 이곳을 무대로 창작활동을 했던 곳으로 유명하고, 세종대왕이 태어나 세종마을이라는 별칭을 가지고 있습니다.

2) 보존되어 있는 많은 한옥들이 관광객을 위한 게스트하우스로 단장해 한국의 전통가옥 체험을 제공하기도 하고, 카페나 식당 또는 갤러리로 활용돼 한국의 독특한 분위기를 제공합니다.

관광자원 서촌에 위치한 통인시장에서는 엽전 도시락을 체험할 수 있고, 땅과 곡식의 신에게 제사를 지내는 사직단 또한 서촌에 위치해 있습니다.

위치 Seochon Hanok Village is one of Seoul's most iconic landmarks, between Gyeongbokgung Palace and Inwangsan Mountain.

정의 Seochon Hanok Village is one of the oldest villages in Seoul where Hanoks have been preserved. Seochon was named because of its location west of Gyeongbokgung Palace, and this village was the residential area for the middle-class people during the Joseon dynasty.

특징 1) Seochon is renowned for being the stage of the great artists of its time, including (겸재 정선, 추사 김정희, 화가 이중섭, 시인 이상, etc.) This village was also the birthplace of King Sejong the Great.

2) Many Hanoks have also been converted into guesthouses for tourists, offering traditional Korean home experience, and others are used as cafes, restaurants, or galleries, providing a unique Korean atmosphere.

관광자원 The Tongin Market is a great place to experience brass coin meal boxes, and the Sajikdan altar, a shrine to the god of land and grain, is also located in Seochon.

117 남산골한옥마을 /Namsangol Hanok Village - 19,20,24년 출제

위치 남산골한옥마을은 서울시의 대표적인 랜드마크이며, 남산 아래쪽에 위치한 관광 명소로

정의 서울 곳곳에 흩어져 있던 전통 가옥 다섯 채를 복원해 1998년 조성한 한옥 체험 마을입니다.

특징 1) 특히 중산층부터 고위 관료까지 계층별로 다양한 삶의 흔적을 가진 5채의 가옥으로 조선 시대 전통 가옥의 면모를 그대로 느낄 수 있습니다.

2) 가옥은 옥인동 윤씨 가옥, 윤택영 재실, 관훈동 민씨 가옥, 오위장 김춘영 가옥, 도편수 이승업 가옥입니다.

3) 또한 남산골한옥마을에는 다양한 체험거리가 마련되어 있어, 한옥 실내 공간을 체험하면서 동시에 한국 전통문화 프로그램을 접할 수 있습니다.

관광자원 한옥마을 뒤편에는 서울 정도 600년을 기념하는 타임캡슐이 매설되었으며, 400년 후인 2394년에 개봉할 예정입니다.

위치 Namsangol Hanok Village is one of Seoul's representative landmarks at the bottom of Namsan Mountain.

정의 It is a Hanok experience village established in 1998 by restoring five traditional houses scattered throughout Seoul.

특징 1) In particular, the five houses show different lifestyles, from the middle-class to high-ranking officials, so Namsan Hanok Village is where you can feel the beauty of traditional houses from the Joseon dynasty.

2) The five houses are 옥인동 윤씨 가옥, 윤택영 재실, 관훈동 민씨 가옥, 오위장 김춘영 가옥, 도편수 이승업 가옥.

3) In addition, Namsangol Hanok Village has a variety of activities that allow visitors to experience the Hanok while also experiencing traditional Korean cultural programs.

관광자원 At the back of Hanok Village, a time capsule commemorating 600 years of Seoul's anniversary as a capital has been buried and will be opened 400 years later, in 2394.

※ 한옥마을은 비교하는 문제가 자주 출제되고 있으니, 한옥마을 별로 공통점과 차이점을 정리해 보시면 도움이 됩니다.

118 국립중앙박물관/National Museum of Korea - 19,20,23,24년 출제

위치 및 정의 국립중앙박물관은 서울시의 대표적인 랜드마크이며, 용산에 위치한 관광 명소로 대한민국의 대표적인 역사 박물관입니다.

특징 1) 2005년 개관한 국립중앙박물관은 대한민국의 고대에서 현대에 이르기까지 예술과 문화를 포함한 다양한 주제의 150만여 점의 방대한 유물을 소장, 전시하는 세계적 규모의 박물관입니다.

2) 국보급 유물이나 귀중한 미술 작품들을 비롯하여 한국의 고고학적 발견물, 민속자료 등이 전시되어 있어 방문객들은 한국의 다채로운 역사와 예술을 만나볼 수 있습니다.

3) 대표 유물로 반가사유상을 비롯한 신라의 금관, 경천사지십층석탑 등 한국 문화유산과 일본, 중국, 동남아 등 주변 아시아 국가의 유물을 전시하고 있습니다.

관광자원 박물관을 통해 한국의 역사와 예술에 대한 이해를 높일 수 있으며, 한국을 대표하는 귀중한 유산들을 직접 관람할 수 있어 한국을 방문하는 관광객들에게 꼭 추천하는 곳 중 하나입니다.

위치 및 정의 The National Museum of Korea is an iconic landmark in Seoul and a tourist attraction in Yongsan. This is the most representative museum in Korea.

특징 1) Opened in 2005, the National Museum of Korea is a world-class museum that collects and exhibits over 1,500,000 artifacts on various topics, including art and culture, from ancient to modern Korea.

2) In addition, the museum houses Korean archaeological findings, folklore, and more, allowing visitors to discover Korea's colorful history and art.

3) Representative artifacts include the Pensive Boddhisatva, Silla gold crowns, and Ten-story Stone Pagoda from the Gyeongcheonsa Temple Site, as well as artifacts from neighboring Asian countries.

관광자원 The National Museum of Korea helps visitors understand Korea's history and art better. It is one of the most popular tourist locations, offering visitors the opportunity to see the Korea's most valuable cultural assets.

※ 관련 기출문제

#국립중앙박물관대표유물 #코리아유니크베뉴

지역 대표 관광지

119 DMZ와 DMZ 투어/Demilitarized Zone & DMZ Tour - 17,19,20,24년 출제

정의 남북한 이념 분쟁의 상징인 비무장지대(DMZ)는 **한반도를 가로지르는 239km (148마일)의 구불구불한 경계**로 서해안에서 동해안까지 뻗어 있습니다. 비무장지대는 **군사분계선(MDL)에서부터 남북으로 각각 2 km 범위**에 군사충돌을 방지하기 위한 **완충지대로 설정**되어 있습니다.

특징 비무장지대에는 허가된 군인과 외교관 외에는 **누구도 출입할 수 없기 때문에 자연 생태계가 잘 보존**되어 있는 곳입니다. **평화와 긴장이 공존**하는 비무장지대는 다른 나라에서는 경험할 수 없는 풍경으로 비무장지대를 방문하는 DMZ 투어는 **외국인들에게 가장 인기 있는 투어 중 하나**입니다.

투어 DMZ 투어는 지역별로 다양하지만, 서울에서 가장 가까운 **파주 DMZ 투어**가 인기가 많습니다. 파주 DMZ 투어는 **임진각 평화공원을 시작으로 제3땅굴, 도라산 전망대와 통일촌을 방문하는 코스**입니다.

1) 임진각은 실향민이 합동 제사를 지낼 수 있는 망배단이 위치해 있으며, **2) 제3땅굴**은 북한군이 남침을 위해 판 땅굴입니다. **3) 도라산 전망대**에서는 DMZ와 북한의 전경을 한눈에 볼 수 있고, **4) 통일촌**은 비무장지대 바로 아래에 위치한 마을로, 현재는 마을에서 생산하는 지역 특산품과 기념품을 구입할 수 있습니다.

정의 The Demilitarized Zone (DMZ), a symbol of the **ideological dispute between North and South Korea, winds 239km (148 miles)** across the Korean Peninsula. Stretching from the west to the east coast, it **ranges 2km north and south of the Military Demarcation Line (MDL)**. The DMZ is set up as a **buffer zone** to prevent military conflicts.

특징 No one has been permitted to enter the DMZ except the authorized army and diplomats, so the **natural ecosystem is well-preserved.** DMZ, **peace, and tension coexist** on a daily basis, and it is one of the **favorite tourist attractions for international visitors** because they never experience this circumstance in any other country.

투어 We can visit the DMZ through different locations, but the **Paju DMZ tour**, closest to Seoul, is the most popular. The Paju DMZ tour starts at **Imjingak Peace Park** and goes on to visit **the 3rd Tunnel, Dorasan Observation Post (OP Dora), and Unification Village.**

1) **Imjingak** is the site of the Mangbaedan, where separated families can hold joint ceremonies, and 2) **the 3rd Tunnel** is a tunnel built by the North Korean army to invade the South Korea. 3) **Dorasan Observation Post** offers panoramic views of the DMZ and North Korea. 4) **Tongilchon Village** is located just below the DMZ and is now where we can buy local products and souvenirs.

※ **DMZ 길이에 대해 155마일 또는 245 ~ 248km 사이의 수치가 가장 많이 확인되지만, 본 교재에서는 한국관광공사 운영 교육 플랫폼 관광e배움터 교육 중 하나인 'DMZ 평화관광'(강원대학교 사범대 지리교육과 김창환 교수님) 수치를 반영했습니다.**

※ **관련 기출문제**

#안보관광 #다크투어리즘 #생태관광

Note

120 JSA와 JSA 투어/Joint Security Area & JSA tour - 20년 출제

정의 JSA는 비무장지대 내 위치한 판문점에 남북 양측이 군인을 배치하고 공동으로 경비하고 있는 지역을 의미합니다.

특징 1953년 7월 27일 체결된 한국전쟁 정전협정에 따라 설치된 JSA는 현재 고위급 회담, 군사 회담, 견학 등 남북한 군사 접촉과 교류의 중심지 역할을 하고 있습니다. JSA는 한반도 분단 이후 남북한 사이의 군사적인 경계와 정치적인 긴장 상황을 대표하는 상징적인 장소이자, 여전히 남북한 간의 긴장과 분쟁의 중심지이기도 합니다.

투어 JSA는 다른 나라에서는 경험할 수 없는 장소로 판문점을 방문하는 JSA 투어는 외국인들에게 가장 인기 있는 투어 중 하나입니다.
JSA 투어는 UN 군의 통제 하에 판문점과 전망대를 방문하는 코스로 구성됩니다. 남북한 포로 교환 장소인 1)돌아오지 않는 다리와 DMZ와 북한의 전경을 한눈에 볼 수 있는 2)제3초소(CP3)를 방문합니다. 이후 현재 남북한 군사 회담이 이루어지고 있는 3)판문점을 돌아보고, 남북한 정상이 만났던 4)도보다리를 돌아봅니다.

한국인은 통일부에서 운영하는 판문점견학지원센터 웹사이트를 통해 개별적으로 투어 신청이 가능하며, 외국인은 여행사를 통해 JSA 투어를 신청할 수 있습니다.

정의 The Joint Security Area refers to a joint security zone established in the area militarily divided between North and South Korea on the Korean Peninsula. This area is well-known as the location where both sides deploy soldiers simultaneously along the Military Demarcation Line, commonly known as the Panmunjom.

특징 The JSA was formed based on the Korean War Armistice Agreement signed on July 27, 1953, and now serves as a center of military contact and exchange between the two Koreas, with high-level meetings, military-to-military talks, and tours. The JSA is a symbolic location, representing the military dispute and political tension between North and South Korea.

투어 JSA is one of the **favorite tourist attractions** for international visitors because they **never experience this circumstance in any other country**. The JSA tour includes a visit to **Panmunjom and an observation post** under the control of UN forces. You'll pass by the **1) Bridge of No Return**, the site of a POW (prisoners of war) exchanged after the Korean War, and **2) CP3 (Check Point 3)** offers panoramic views of the DMZ and North Korea. And then you'll visit **3) Panmunjom**, the site where military talks between North and South Korea take place, and **4) Foot Bridge**, where the two leaders took a walk and had an in-depth discussion at the 2018 Inter-Korean Summit.

Koreans can apply for tours individually through the Panmunjom tour website operated by the Ministry of Unification, while international tourists can sign up for a tour through a travel agency.

Note

121 독도/Dokdo - 18,22년 출제

정의 독도는 **울릉도 동남쪽의 87.4km** 해상에 위치해 있는 **한국의 동쪽 끝단에 있는 섬**입니다.

특징 독도는 **연중 온화한 해양성 기후**가 나타나며, **동도와 서도 2개**의 큰 섬과 대부분 바위와 암초로 이루어진 **89개의 부속도서**로 이루어져 있습니다. 독도 주변은 **어족자원이 풍부**하며, 해양심층수 및 해양에너지 **자원 개발 가능성이 높은 곳**입니다.

근거 일본에서는 이러한 독도의 가치를 알고 지금까지 독도를 일본 영토라고 주장함으로써, **한국과 일본 간 영토 분쟁을 유발**하고 있습니다. 독도가 한국 땅임을 알려주는 역사적 증거는 굉장히 많이 발견되고 있습니다.

1) **512년:** 삼국사기에 신라의 이찬 **이사부**가 우산국을 정벌하여 신라에 의해 복속되었다는 기록이 있고,
2) **1454년: 세종실록지리지**에 울릉도와 독도가 강원도 울진현에 속한 두 섬이라고 기록되어 있습니다.
3) **1696년: 안용복**과 어부들이 울릉도에 어업 활동을 하러 온 일본 어선을 추격, 자산도(독도)에서 쫓아버리고 일본까지 다녀왔습니다.
4) **일본고지도에서 독도를 한국의 영토로 명확히 기록**하고 있습니다.

(「삼국접양지도」(1785년), 『조선국교제시말내탐서』(1870년), 『태정관지령』(1877년), 『대자명세 제국이정전도』의 「조선전국도」(1908년))

현재 최종덕씨가 1965년 3월부터 최초 거주한 이래, 현재 독도에는 **김신열씨를 포함 26명이 거주**하며 살아가고 있습니다. (독도경비대원 20명, 등대관리원 3명, 울릉군청 독도관리사무소 직원 2명 등-2025년 1월 기준)

Note

정의 Dokdo is an island off the eastern tip of South Korea, located 87.4km southeast of Ulleungdo island.

특징 Dokdo has a mild ocean climate throughout the year and consists of two large islands, the East island (동도) and West island (서도), and 89 attached islands, which are almost rocks and reefs. The area around Dokdo is rich in fish resources and has a high potential for developing deep-water and marine energy resources.

근거 Japan recognized the value of Dokdo and has been claiming it as Japanese territory ever since, causing territorial disputes between Korea and Japan. A lot of historical evidence points to Dokdo Island as Korean territory.

1) It is recorded in the History of Three Kingdoms (삼국사기) that Silla's general Lee sabu conquers the Wusan (우산국) and makes it a part of Silla kingdom in 512.
2) It is recorded that Ulleungdo and Dokdo are two islands belonging to Uljin County, Gangwon Province, in the Annals of King Sejong Geography (세종실록지리지) in 1454.
3) An yongbok, and other fishermen repelled Japanese fishing boats coming to Ulleungdo island, chasing them to Dokdo island in 1696.
4) The Japanese maps have clearly recorded Dokdo as Korean territory.

현재 Currently, there are a total of 26 people living on Dokdo, including residents, guards, caretakers, and government officials.

※ 관련 기출문제

#독도 #독도의위치 #독도가한국땅인이유 #일본의주장

Note

122 전주한옥마을/Jeonju Hanok Village - 19,20년 출제

위치 및 정의 전주한옥마을은 대한민국 전주시에 위치한 **전통 한옥 마을**로, 국내외 관광객들에게 인기 있는 명소입니다.

특징 1) 전주한옥마을은 일제강점기인 **1930년대**, 전통 한옥을 보존하려는 전주 지역 주민들의 노력으로 **형성된 마을**로, 현재 약 **700여 채의 한옥**이 자리하고 있습니다.

2) 이곳의 한옥들은 게스트하우스, 박물관, 갤러리, 상점, 찻집 등 **상업 시설로 활용**되며, 다양한 **전통문화 체험(전통 공예, 한지 만들기, 판소리, 다도 등)**을 제공하는 문화 시설도 많습니다.

3) **전주비빔밥과 길거리 음식**은 이곳을 대표하는 먹거리로, 특히 **남부시장**에는 관광객들에게 인기 있는 맛집이 즐비합니다.

관광자원 주요 관광 명소로는 태조 이성계의 어진을 모신 사당과 조선왕조실록을 보관하던 전주사고가 위치한 **경기전**, 한국 천주교 순교지 **전동성당**, 전통 교육기관인 **전주향교** 등이 있습니다.

위치 및 정의 Jeonju Hanok Village is a **traditional Hanok village** located in Jeonju City, and is a well-known destination for both domestic and international tourists.

특징 1) **Established in the 1930s** during the Japanese colonial era, Jeonju Hanok Village was formed through local efforts to preserve traditional Hanok architecture. Today, it consists of **over 700 Hanoks.**

2) Many Hanoks have been **converted into commercial places** such as guesthouses, museums, galleries, shops, and teahouses. The village also offers various **traditional cultural experiences**, such as craft making, Hanji (Korean paper) workshops, Pansori performances, and tea ceremonies.

3) **Jeonju bibimbap and street food** are the village's signature delicacies, and **Nambu Market** is a popular spot filled with famous restaurants for tourists.

관광자원 Key attractions include **Gyeonggijeon Shrine**, which houses the Portrait of King Taejo and the Jeonju Sago where the Annals of the Joseon Dynasty were kept, as well as **Jeondong Catholic Church** and **Jeonju Hyanggyo**, a Confucian school.

123 제주도/제주 Island - 18,19,20,21,22,24년 출제

독특함 제주도는 화산섬으로 한국에서 가장 큰 섬입니다. 따뜻한 날씨와 유래 없이 아름다운 자연환경, 본토에서 떨어져 있는 지역적 위치로 제주인들만의 독특한 문화를 형성해, 국내외 관광객들의 발길이 끊이지 않고 있습니다.

특징 1) 자연적 특징) 제주는 아름다운 자연 경관으로 유명합니다. 섬 중심에는 대한민국에서 가장 높은 한라산이 자리 잡고 있어 등산객들의 사랑을 받고 있으며, 환상적인 해변과 푸른 바다로 유명해 수상 스포츠를 즐길 수 있고, 오름이나 올레길 등이 있어 관광객들의 다양한 요구를 충족시켜 주고 있습니다. 이런 자연적 특징 덕분에 제주도는 2002년 생물권 보전지역, 2007년 세계자연유산, 2010년 세계지질공원 인증까지 획득해 유네스코 자연환경 분야 3관왕에 등극했습니다.

2) 문화적 특징) 제주 칠머리당 영등굿과 제주 해녀 문화 또한 유네스코 무형유산으로 등재돼 제주도만이 가지고 있는 독특한 문화를 세계적으로 인정받았습니다.

3) 음식) 섬이다 보니 지역 음식으로는 생선회와 흑돼지고기, 한라봉, 감귤 등이 유명하고, 현무암으로 만든 돌하르방은 제주의 대표적 기념품입니다.

종합 이처럼 제주는 아름다운 자연 경관과 독특한 문화, 풍부한 음식과 축제로 많은 이들에게 사랑받는 곳입니다.

독특함 Jeju Island is volcanic and the biggest island in Korea. Its warm weather, beautiful natural environment, and remote location from the mainland have created a unique culture that attracts tourists from all over the world.

특징 1) 자연적 특징) Jeju is known for its beautiful natural landscapes. At the center of the island is Hallasan Mountain, the highest mountain in South Korea, which is a favorite among hikers. The island is known for its stunning beaches and clear blue sea, where visitors can enjoy water sports. Hiking trails such as Oreum and Olle-Gil are another attraction. Thanks to these natural features, Jeju Island was recognized by UNESCO as a Biosphere Reserve in 2002, a World Natural Heritage Site in 2007, and a World Geopark in 2010.

2) 문화적 특징) In addition, Jeju Chilmeoridang Yeongdeunggut and Jeju Haenyeo Culture have been listed as UNESCO Intangible Cultural Heritage, giving Jeju Island's unique cultural recognition.

3) 음식) As an island, Jeju is famous for its local foods, such as raw fish, black pork, Hallabong, tangerines, and Dolharubang, made of basalt, a representative souvenir of Jeju Island.

종합 Its **beautiful natural scenery, unique culture, and abundant food** are the reasons why people love visiting Jeju Island.

※ **제주도 관련 연관 문제**

#제주화산섬과용암동굴 #제주칠머리당영등굿 #제주해녀문화
#오름 #올레길 #오버투어리즘 #추천관광지

Note

124 제주 올레길/Jeju Olle Trail -16,18,19,21,22,24년 출제

정의 제주 올레길은 제주도 전체 해안을 따라 길게 뻗은 걷기 길로, 제주에서 즐길 수 있는 다양한 볼거리와 액티비티 중 하나입니다. '올레'는 제주 방언으로 좁은 골목을 뜻하며, 통상 큰길에서 집의 대문까지 이어지는 좁은 길을 의미합니다.

구성 2007년 제1코스를 시작으로 현재 총 27개(21개 주요 코스와 6개의 주변 코스), 437km의 코스로 구성되어 있습니다. 각 코스는 일반적으로 길이가 15km 이내이며, 평균 소요시간이 5-6시간 정도입니다. 주로 제주의 해안지역을 따라 골목길, 산길, 들길, 해안길, 오름 등을 연결하여 구성되며, 제주 주변의 작은 섬을 도는 코스도 있습니다.

관광자원 도보여행지로 성공한 제주 올레길은 제주도의 관광사업에 크게 기여했을 뿐만 아니라, 전국적으로 도보여행 열풍을 가져왔습니다. 또한 관광지가 아니었던 곳까지 돌아볼 수 있게 만들어진 올레길은 제주의 진정한 아름다움을 보여줄 수 있는 대표적인 관광 상품입니다.

정의 Jeju Olle Trail, a series of walking trails that stretches around the entire coast of Jeju Island, is one of the attractions and activities on Jeju Island. In the local dialect, 'Olle' originally referred to the narrow path between the street and one's doorstep.

구성 Starting with the first trail in 2007, there are now 27 trails (21 main trails and six surrounding trails) with 437km. Each trail is generally within 15km in length, with an average walking time of 5-6 hours. The trails pass through various landscapes along the way, including small villages, beaches, farms, and forests, and some trails go around the small islands around Jeju.

관광자원 The Jeju Olle Trail has contributed significantly to the tourism business of Jeju Island and brought about a nationwide walking trend. It is designed to go around non-tourist destinations, making it a representative tour product that showcases Jeju's true beauty.

※ 올레길의 주변 코스가 지속적으로 개발되고 있으므로 해당 연도의 올레길 정보를 확인하셔서 답변을 구성하시기 바랍니다.

국립공원 - 매년 출제

125 한국의 국립공원/National Parks

국립공원 수	총 23개
산악형 국립공원(18) Mountain National Parks	지리산, 계룡산, 설악산, 속리산, 한라산, 내장산, 가야산, 덕유산, 오대산, 주왕산, 북한산, 치악산, 월악산, 소백산, 월출산, 무등산, 태백산, 팔공산
사적형 국립공원(1) Historical National Park	경주
해상·해안형 국립공원(4) Marine & Coastal National Parks	한려해상, 다도해해상, 태안해안, 변산반도(반도형)[1]
최초의 국립공원	지리산 국립공원(1967.12.29)
최근의 국립공원	팔공산 국립공원(2023.12.31)

정의 국립공원이란 자연환경보호법에 따라 **국가에 의해 지정된 특별히 보호할 가치가 있는 자연환경**으로 천연적으로 **아름다움을 가진 자연**뿐만 아니라 **희귀 생물들의 서식지**, 그리고 그곳에 남겨진 **뜻깊은 유적지** 등이 포함됩니다. 대한민국에는 **총 23개의 국립공원이 지정**, 보호되고 있으며 전체 대한민국 **면적의 6.8%를 차지**합니다.

분류 국립공원은 **산악형, 사적형, 해상·해안형** 국립공원으로 나눠집니다.
산악형 국립공원은 총 18곳으로 지리산, 설악산, 한라산 등이 있으며 국립공원의 대부분을 차지합니다. **사적형 국립공원**은 신라의 천년 수도였던 경주가 유일하며, 경주는 다양한 유네스코 유산을 포함해 수많은 유물이 발견되는 곳입니다. 마지막으로 **해상·해안형 국립공원**은 총 4곳으로 한려해상, 다도해해상, 태안해안 국립공원 등이 해당합니다.
최초의 국립공원은 1967년 지정된 지리산 국립공원이고, 가장 **마지막으로 지정된 국립공원**은 2023년 팔공산 국립공원입니다.

관광자원 국립공원은 자연여행, 역사여행, 트래킹, 캠핑 등 다양한 **관광 활동**과 동시에 **지역 경제 활성화**를 위해서도 중요한 관광 자원으로 활용되고 있으며, 최근 **생태관광, 웰니스관광**의 형태로도 활용되고 있습니다.

정의 A national park is a **specially protected natural environment designated by the government** under the Natural Environment Protection Act. It includes areas with spectacular **natural beauty, habitats for rare species, and important historical sites.** South Korea has **23 designated national parks,** covering **6.8% of the country's total land area.**

분류 National parks are **divided into mountain, historical, Marine & Coastal** national parks.

There are **18 mountain national parks,** including Jirisan, Seoraksan, and Hallasan national parks, which make up the majority of national parks. **The only historical national park** is the city of Gyeongju, the thousand-year capital of the Silla kingdom. Gyeongju has numerous artifacts, including various UNESCO and cultural heritage sites. Finally, there are **four Marine & Coastal national parks:** Hanllyeohaesang, Dadohae, and Taean Coastal National Parks etc.

The first national park was Jirisan National Park, designated in 1967, and the **last was Palgongsan** National Park in 2023.

관광자원 They are a great **tourism resource** for various activities such as nature tours, historical tours, trekking, and camping, and they also **boost the local economy.** National parks are now a popular destination for **eco-tourism and wellness tourism.**

※ **기출문제 연관 키워드**

#최초최근국립공원 #웰니스투어 #생태관광 #코로나이후의콘텐츠
#자연과관광의연관성 #자연을활용한관광자원

[1] 본 교재에서는 국립공원공단 홈페이지의 분류 기준을 바탕으로 변산반도 국립공원을 해상·해안형 국립공원에 포함하였습니다. 경우에 따라 산악형 또는 독자적으로 반도형으로 분류하기도 합니다. 면접시험에서는 어느 기준으로 답변해도 큰 지장이 없으므로 수험자 편의에 따라 준비하시기 바랍니다.

126 지리산 국립공원/Jirisan National Park

정의 및 위치 지리산 국립공원은 1967년에 지정된 첫 번째 국립공원으로 경남 하동군, 함양군, 산청군, 전남 구례군과 전북 남원시 등 3개 도와 5개 시, 군에 걸쳐 있습니다. 면적이 가장 큰 산악형 국립공원으로 지리산은 예로부터 금강산, 한라산과 함께 한국의 삼신산 중 하나로 여겨졌습니다.

특징 지리산은 오랜 시간 이 지역 사람들의 삶의 터전으로 다양한 문화유적이 남겨져 있고, 대표적으로 유구한 역사를 지닌 화엄사가 있습니다. 천왕봉, 반야봉, 노고단 등이 가장 높은 봉우리이고, 반달가슴곰과 사향노루 등 '야생동물의 보고'라 불립니다. 피아골, 뱀사골 계곡은 일 년 사계절 물량이 풍부하고 나무가 많아 여름철 대표적인 피서 관광지이기도 합니다.

정의 및 위치 Jirisan Mountain was designated as the first national park in 1967, and it spreads across five cities in three provinces: Hadong, Hamyang, Sancheong of Gyeongnam province, Gurye of Jeonnam province, and Namwon of Jeonbuk province. It is the largest mountainous national park in Korea. Jirisan Mountain has been known as one of the three legendary mountains in Korea, along with Geumgangsan and Hallasan Mountain.

특징 Jirisan Mountain has been home to the local people for a long time, and Hwaeomsa Temple is the representative temple in Jirisan Mountain. Cheonwangbong, Banyabong, and Nogodan are the highest peaks, and the area is known as a 'treasure of wildlife,' with species such as the black bear and musk deer. The Piagol and Bamsagol valleys have abundant water and trees all year round, making them a popular summer holiday destination.

Note

127 팔공산 국립공원/Palgongsan National Park

정의 및 위치 팔공산 국립공원은 **2023년 가장 최근 지정된 국립공원**으로 대구광역시 동구와 군위군, 경북 경산시, 영천시, 칠곡군 등 5개의 시·군·구에 걸쳐 있습니다.

특징 팔공산은 오랜 시간 이 **지역 사람들의 삶의 터전**으로 다양한 문화유적이 남겨져 있고, 대표적으로 유구한 역사를 지닌 **동화사**가 있습니다. **비로봉, 미타봉, 삼성봉** 등이 가장 높은 봉우리이고, 붉은 박쥐, 매, 수달 등 **'야생동물의 보고'**라 불립니다. 팔공산의 갓바위는 지성으로 빌면 한 가지 소원은 들어준다 하여 전국에서 수많은 불자가 찾아오는 **우리나라 제일의 기도처**로 유명합니다.

정의 및 위치 Palgongsan Mountain was designated as the **last national park in 2023,** and it spreads **across five cities.**

특징 Palgongsan Mountain has been **home to the local people** for a long time, and **Donghwasa Temple** is the representative temple in Palgongsan Mountain. **Birobong, Mitabong, and Samsungbong** are the highest peaks, and the area is known as a **'treasure of wildlife,'** with species such as the Korean Orange Whiskered Bat, falcon, and otter. Gatbawi on Palgongsan Mountain is known as **Korea's most sacred place,** attracting Buddhists from all over the country.

Note

06

관광 실무 및 돌발 상황 대처

06

관광 실무 및 돌발 상황 대처

학습 내용 및 목표

본 단원에서는 실제 관광의 현장에서 발생하는 돌발 상황 및 해결 방안과 함께 관광 실무에 대해 학습합니다. 다양한 상황에 노출된 관광통역안내사로서 현장에서 응대할 수 있는 다양한 대처법에 대해 점검할 수 있도록 합니다.

준비 방향

가. 돌발 상황 대처

실제 관광통역안내사로서 현장에서 즉각적으로 대처하는 방안도 중요하지만 무엇보다 위급상황이 발생하지 않게 조치하는 예방이 중요합니다.

나. 관광 실무

관광통역안내사가 되어 직접 안내를 해보며 실전 감각을 익히는 연습을 해야 합니다. 설명하는 답변과 실제 가이드처럼 시연하는 방법 두 가지 모두를 준비합니다.

출제 빈도: ★★★★★ 중요도: ★★★★★

반드시 출제되는 문제로 출제 빈도가 높고, 그렇기 때문에 중요도 또한 높은 주제입니다.

돌발 상황 대답 요령

1. 답변은 간결하게 준비

▶ 겪어보지 않은 상황은 장황한 설명으로 이어지는 경우가 많습니다.

▶ 상황을 설명하기 보다 대처 방법과 예방을 중심으로 간결하게 답변을 구성하세요.

2. 단체여행에 해당

▶ 질문의 대부분은 소규모 개별여행보다는 대규모 단체 패키지여행에 대한 상황입니다.

▶ 문제를 해결하는 동안 기다리는 다른 손님들에 대한 조치도 함께 언급해 주세요.

3. 누가 해결해야 할 문제인지 파악

▶ 문제를 듣고 관광통역안내사가 직접 해결해야 할 문제인지, 아니면 여행사에서 해결해야 하는 문제인지를 파악해야 합니다.

▶ 가벼운 문제들은 관광통역안내사가 직접 해결하고, 예약과 같은 사항들은 여행사에서 처리해 주어야 합니다.

4. 여행사 보고

▶ 추후 문제로 발전할 수 있는 소지가 있는 내용도 여행사에 보고해야 합니다.(손님 상해 등)

▶ 응급상황을 제외하고는 모두 선보고 후조치(응급상황은 선조치 후보고) 합니다.

5. 손님에 대한 책임 있는 모습 표현

▶ 불안한 상황 → 안정 / 불편한 상황 → 경청

▶ 해결 이후로도 끝까지 책임감 있게 손님에게 관심을 갖고 있음을 표현해 주세요.

6. 예방

▶ 대처하는 과정도 중요하지만 문제를 발생시키지 않는 것이 중요합니다.

분실 상황

이렇게 준비하세요!

- 구성) 손님 안정 ▶ 상황에 맞는 대처 ▶ 예방
  - » 1) 안정 및 확인: 손님의 안정을 최우선으로 하고, 잃어버린 곳 확인
  - » 2) 대처 및 보고: 신속하게 대처하고 필요한 경우 여행사에 보고
  - » 3) 예방: 분실이 발생하지 않도록 사전 예방(투어 중인 경우)
- 분실 상황 관련 기출문제)

  #여권분실 #공항수하물분실 #공항소지품분실 #귀중품분실

  #사람 밀집 지역에서 가방 잃어버릴 경우

Note

128 귀중품 분실 시 대처방안

안정 및 확인 손님을 최대한 안정시킨 후 침착하게 어디에서 귀중품을 잃어버렸는지 잘 떠올리게끔 합니다.

대처 및 보고 1) 근처 가게 또는 분실물 센터에서 귀중품을 보관하고 있는지 확인한 뒤

2) 찾을 수 없을 경우에는 우선 여행사에 보고하고 상황을 알리겠습니다.

3) 다른 손님들에게는 자유시간을 제공한 뒤 근처 경찰서에 신고하고 도움을 요청하겠습니다.

4) 분실이 확실한 경우, 여행자 보험 관련 서류를 발급받을 수 있도록 돕겠습니다.

예방 마지막으로 이런 일이 발생하지 않도록 투어 전 개인 물품 및 귀중품에 대한 안전사항에 대해 다시 한번 주지시키도록 하겠습니다.

안정 및 확인 I relieve my guest as much as possible, then remind him where he lost it.

대처 및 보고 1) I check with a local store or lost and found center nearby to see if they have it.

2) If I don't see the valuables, I tell the travel agency and let them know the situation.

3) I give the other guests free time and report it to the nearest police station for assistance.

4) If I'm sure it's lost, I help him get travel insurance documents.

예방 Finally, to make sure this doesn't happen, I remind my guests about the safety guidelines for their personal belongings before the tour.

Note

129 여권 분실 시 대처방안

안정 및 확인 손님을 최대한 안심시킨 후 침착하게 어디에서 잃어버렸는지 확인하겠습니다.

대처 및 보고 1) 경찰서 등 주변 기관에 보관하고 있는지 먼저 조회해 보겠습니다.

2) 찾을 수 없을 경우에는

» 우선 여행사에 보고하고

» 가까운 경찰서를 방문하여 분실 신고를 하고 여권 분실 증명서를 발급받습니다.

» 대사관 또는 영사관에 연락해 임시여권을 발급받을 수 있도록 돕겠습니다.

» 임시 여권 발급 후, 출입국관리사무소에서 출국 허가를 확인하겠습니다.

3) 며칠이 소요될 경우 항공권 및 관련된 내용을 체크해 잘 귀국할 수 있도록 돕겠습니다.

예방 마지막으로 이런 일이 발생하지 않도록 투어 전 개인 물품에 대한 안전사항에 대해 다시 한번 주지시키도록 하겠습니다.

안정 및 확인 I make my guests feel relieved, then try to find out where they lost it.

대처 및 보고 1) I check with local authorities, such as the police station, to see if they have it.

2) In case of missing

» I first contact the travel agency.

» I visit the nearest police station to file a loss report and obtain a police report.

» I contact the relevant Embassy or consulate to see if they issue an emergency passport.

» After receiving the emergency passport, I need to check the immigration office for an exit permit.

3) If it takes a few days, I check on my guest's airline ticket and related things to ensure his safe return.

예방 Finally, to make sure this doesn't happen, I remind my guests about the safety guidelines for their personal belongings before the tour.

Note

130 공항에서 수하물/개인 소지품 분실 시 대처방안

안정 및 확인 타국에서 짐을 잃어버린 여행객을 안심시키는 것이 가장 중요하다고 생각합니다.

대처 및 보고 1) 우선 다른 손님들에게는 공항 내에서 시간을 자유롭게 보낼 수 있도록 안내하여 불편함을 최소화하겠습니다.

2) 수하물을 공항에서 분실한 경우, 즉시 해당 항공사 사무실로 가서 수하물의 위치를 확인하고 최대한 빨리 찾을 수 있도록 돕겠습니다. 만약 수하물을 바로 찾을 수 없는 경우에는 여행객에게 호텔로 배송될 수 있도록 조치를 취하겠습니다.

3) 지갑, 카메라 등 개인 소지품을 분실한 경우, 공항 내 분실물 센터를 방문하여 분실물을 신고하고 확인 절차를 밟겠습니다. 만약 분실물이 확인되지 않는 경우, 관련 부서에 제 연락처를 제공하고 이후 결과를 추적할 수 있도록 돕겠습니다.

4) 이후, 상황을 여행사에 보고하고, 예정된 투어나 일정에 차질이 없도록 최선의 노력을 기울이겠습니다.

예방 이와 같은 상황에 대비해 공항 내 항공사 사무실 및 분실물 센터의 위치를 미리 확인하고, 여행객들에게 소지품 관리에 유의하도록 안내할 것입니다.

안정 및 확인 I think relieving my guest, who has lost the luggage, is most important.

대처 및 보고 1) I guide the other guests to spend their time freely within the airport to minimize any inconvenience.

2) If luggage is lost at the airport, I immediately go to the airline office to check the location of the luggage and help find it as quickly as possible. If the luggage cannot be found right away, I arrange for it to be delivered to the hotel.

3) If personal belongings like a wallet or camera are lost, I visit the lost and found center at the airport to report and check the lost items. If the items are not found, I provide my contact information to the relevant department to help track the result.

4) I report the situation to the travel agency and make every effort to ensure that the scheduled tours or activities proceed smoothly.

예방 To prepare for such situations, I will check the location of the airline offices and lost and found centers at the airport in advance and advise travelers to take care of their personal belongings.

131 소매치기당했을 경우 대처방안

안정 및 확인 우선 손님의 상태를 확인하여 안전 여부를 파악하고, 사건의 발생 상황을 자세히 들은 후 필요한 조치를 취하는 것이 중요합니다.

대처 및 보고 1) 손님이 분실한 물품에 대한 정보를 정확히 확인하고, 분실된 물품이 중요한 경우 해당 물품의 일시적인 차단(예: 카드 사용 중지 등)을 안내하겠습니다.

2) 경찰서를 방문해 손님이 신속하게 경찰에 신고할 수 있도록 지원하고, 보험 등 관련 서류를 발급을 돕겠습니다. 필요한 경우 가까운 대사관에 연락하여 추가적인 지원을 받을 수 있도록 하겠습니다.

3) 손님이 심리적으로 불안하거나 당황한 상태라면, 휴식을 취할 수 있는 장소로 안내하겠습니다.

4) 사건을 여행사에 즉시 보고하여 추가적인 지원을 받을 수 있도록 하겠습니다.

예방 소매치기 예방을 위해, 여행객들에게 중요한 소지품을 몸에 지니고 다니며 혼잡한 장소에서는 각별히 주의할 것을 사전에 안내하겠습니다.

안정 및 확인 First, I check the guest's condition to ensure their safety and listen carefully to the details of the incident before taking the necessary actions.

대처 및 보고 1) I gather accurate information about the lost items and, if the item is important, inform the guest on how to temporarily block its use (e.g., canceling a credit card).

2) I assist the guest in visiting the police station to quickly file a report and help with issuing necessary documents for insurance claims. If needed, I will contact the nearest embassy to provide additional support.

3) If the guest feels anxious or upset, I guide them to a safe and comfortable place to rest.

4) I immediately report the incident to the travel agency to ensure additional support is provided.

예방 To prevent pickpocketing, I advise travelers to always keep their valuables on them and stay alert, especially in crowded areas.

불만 상황

이렇게 준비하세요!

- 구성) 사과 또는 원인 파악 ▶ 상황에 맞는 대처 ▶ 예방
  » **1) 사과 또는 원인 파악:** 누구의 잘못인지를 따지기 전 손님에게 사과하고 원인을 우선적으로 파악
  » **2) 대처:** 신속하고 정확하게 상황에 맞는 대처
  » **3) 예방:** 불만이 발생하지 않도록 사전 예방
- 최근 하나의 불만 사항이 아닌 여러 가지 불만 사항을 종합적으로 정리해 답변하는 문제들이 출제되고 있습니다.
- 기출문제)

  #식당불만 #서비스불만 #호텔불만 #예약불만

132 한식 거부 시 대처방안

원인 파악 우선 손님이 한식을 먹지 못하는 이유를 정확히 확인하겠습니다. 예를 들어, 채식주의자, 무슬림 등 특정 식단 제한이 있는지, 아니면 매운 음식이나 특정 재료에 대한 거부감 때문인지 원인을 파악하겠습니다.

대처 1) 한식을 즐기는 것은 한국 문화를 체험하는 중요한 부분임을 설명하며 손님에게 다양한 한식 옵션을 소개하고 설득하겠습니다.
2) 그래도 한식을 먹기 어렵다고 한다면 손님의 불편 사항을 반영하여 적합한 음식을 준비하거나, 다른 대안을 제공하겠습니다.

예방 투어 시작 전, 손님의 음식 취향이나 알러지, 종교적/개인적 식단 제한 등을 미리 조사해 불만이 발생하지 않도록 세심히 준비하겠습니다.

원인 파악 I check the reason why the guest is unable to eat the Korean food. For example, I check if the guest has specific dietary restrictions such as being vegetarian or Muslim, or if they simply don't like spicy food or certain ingredients.

대처 1) I explain that trying Korean food is a great way to experience Korean culture and introduce some different options to encourage the guest.
2)If they still don't feel comfortable eating Korean food, I will prepare suitable alternatives or provide other options based on their needs.

예방 Before the tour starts, I will make sure to ask about the guest's food preferences, allergies, or any religious or personal dietary restrictions to avoid any issues.

133 투어 중 발생할 수 있는 불만 상황에 대한 대처방안

사과 및 원인 파악 투어를 진행하다 보면 다양한 불만 상황을 접하게 될 것이라 생각합니다. 무엇보다 불만 사항이 발생한다면 저는 당황하지 않고 먼저 고객에게 사과하고 불만 사항을 경청한 후 신속하게 해결책을 찾겠습니다.

대처 1) 식당에서는 한식을 못 먹겠다거나 음식에 이물질이 들어있다는 등 음식과 관련된 불만이 발생할 수 있습니다. 해당 레스토랑과 협의하여 신속하게 해결책을 찾아드리겠습니다.

2) 호텔에서는 예약에 실수가 있었거나 호텔의 상태에 불만이 있을 수 있습니다. 호텔과 협의해 신속하게 해결책을 찾아 손님에게 불편함 없도록 하겠습니다.

3) 쇼핑 시에는 택시, 상점의 바가지요금이나 쇼핑 강요 등에 불만이 있을 수 있습니다. 쇼핑 시 불편함이 없도록 쇼핑 전 주의사항에 대한 안내를 드리겠습니다.

4) 한국과의 문화 차이에 대한 불만이 발생할 수 있습니다. 손님이 불편하지 않도록 한국의 문화를 친절하고 자세하게 안내하겠습니다.

예방 무엇보다 관광통역안내사는 투어 전 손님의 취향과 예약 상황을 확인해 이런 불만이 일어나지 않도록 준비하는 것이 필요하다고 생각합니다.

사과 및 원인 파악 Tourist guides encounter a variety of complaint situations. If a complaint occurs, I do not panic, but I first apologize to the guest, listen, and quickly find a solution.

대처 1) At restaurants, I may encounter complaints about food, such as being unable to eat Korean food or having something in the food. I talk with the restaurant and find a solution quickly.

2) At a hotel, there might be a mistake with the reservation, or someone is unhappy with the condition of the hotel. I work with the hotel to find a solution quickly, depending on the complaints.

3) Tourists may complain about being overcharged or pressured to buy things while shopping. I provide them with some shopping tips in advance.

4) There may be complaints about cultural differences with Korea. I provide detailed information about Korean culture so that guests do not feel uncomfortable while staying in Korea.

예방 Above all, it is necessary for tourist guides to prepare for such complaints by checking my guests' tastes and booking status before the tour.

134 과도한 호객행위로 관광객이 불만을 표시한 경우 대처방안

원인 파악 우선 손님이 과도한 호객행위에 대해 불만을 느낀 구체적인 이유를 확인하겠습니다. 예를 들어, 호객행위가 너무 집요했는지, 아니면 특정 상품 구매를 강요받았다고 느꼈는지 등 상황을 자세히 파악하겠습니다.

대처 1) 손님에게 진심으로 사과하고, 해당 상황을 설명하며 다시는 그런 불편함이 없도록 하겠다고 안심시키겠습니다.

2) 문제가 된 상점이나 판매자에게 즉시 연락해 과도한 호객행위를 자제해 달라고 요청하고, 필요한 경우 관련 기관의 도움의 요청하겠습니다.

3) 손님이 그 장소에서 계속 머무르는 것이 불편하다면, 다른 장소로 이동하거나 대체 관광 일정을 제안하겠습니다

예방 사전에 투어 코스에 포함된 상점이나 시장에 대해 충분히 조사하고, 호객행위가 심한 장소를 피하도록 계획하겠습니다. 또한, 손님들에게 쇼핑 시 호객행위를 대처하는 팁을 안내하고, 문제가 발생했을 때 가이드가 적극 지원할 것을 미리 알려드리겠습니다.

원인 파악 First, I will identify the specific reasons why the guest feels uncomfortable with pushy selling. For example, I will check if the selling was too aggressive, or if the guest felt pressured to buy certain products.

대처 1) I sincerely apologize to the guest, explain the situation, and reassure them that such inconvenience will not happen again.

2) I contact the shop or seller involved immediately to ask them to stop being too pushy, and, if necessary, seek help from relevant authorities.

3) If the guest feels uncomfortable staying in the area, I suggest moving to another location or offering an alternative itinerary.

예방 Before the tour, I research shops and markets included in the itinerary and plan to avoid locations known for aggressive selling. I also give guests tips on how to handle pushy sellers while shopping and let them know that I fully support them if any issues arise

위급상황(상해, 질병 등)

이렇게 준비하세요!

- 구성) 상황 파악 및 안정 ▶ 상황에 맞는 대처 ▶ 보고 ▶ 예방
  - » **1) 상황 파악 및 안정:** 환자 상태 파악 및 안정
  - » **2) 대처:** 증상의 경중에 따른 신속하고 정확한 상황 대처
  - » **3) 보고:** 여행사에 내용 전달 및 여행사 지시에 따라 사후조치 수행
  - » **4) 예방:** 투어 전 사전 안내 및 평소 응급처치 방법 준비
- 최근 위급 상항을 종합적으로 정리해 답변하는 문제들도 출제되고 있습니다. 위급상황은 '선조치 후보고' 기억해 주세요.

135 손님이 뱀에 물렸을 때 대처방안

상황 파악 및 안정 손님이 뱀에게 물렸을 때는 최대한 손님을 안정시킨 후 움직이지 않도록 하고,

대처 1) 우선 물린 곳에서 5~10cm 위를 묶어 독이 퍼지지 않게 응급처치를 하겠습니다.
2) 서둘러 응급구조요청을 통해 병원으로 이송할 수 있도록 하며

보고 여행사에 관련 사실을 보고하고, 여행사의 지시에 따라 사후조치를 취하겠습니다.

예방 하지만 무엇보다 중요한 것은 예방이라고 생각합니다. 투어 전 주의사항을 철저히 안내해 이런 일이 발생하지 않도록 하고, 저는 위급상황에 신속하게 대응할 수 있도록 평소 응급구조에 대한 전문지식을 연습하도록 하겠습니다.

상황 파악 및 안정 When a snake bites my guest, I stabilize my guest as much as possible and do not allow him or her to move.

대처 1) I provide first aid by binding 5-10 cm above the bite spot to prevent the poison from spreading.
2) I call emergency help immediately so my guest can be transported to a hospital.

보고 I report the incident to my travel agency and follow up as directed.

예방 But I think the most important thing is prevention. I explain the precautions thoroughly before the tour to ensure this doesn't happen. I practice my knowledge of first aid to respond quickly to emergencies.

136 손님이 벌에 쏘였을 때 대처방안

상황 파악 및 안정 손님이 벌에 쏘였을 때는 최대한 손님을 안정시킨 후 움직이지 않도록 하고,

대처 1) 신속히 벌침을 찾아 제거하겠습니다.

2) 이후 여행사에 관련 사실을 보고하고, 여행사의 지시에 따라 사후조치를 취하고,

3) 혹시 모를 상황에 대비해 손님은 병원 검진을 받을 수 있도록 하겠습니다.

예방 하지만 무엇보다 중요한 것은 예방이라고 생각합니다. 투어 전 주의사항을 철저히 안내해 이런 일이 발생하지 않도록 하고, 위급상황에 신속하게 대응할 수 있도록 평소 응급구조에 대한 전문지식을 연습하도록 하겠습니다.

상황 파악 및 안정 If my guest is stung by a bee, I stabilize my guest as much as possible and keep him still.

대처 1) I quickly find and remove the sting.

2) I inform my travel agency of the situation and follow up as directed.

3) I make sure my guest gets a doctor's checkup, just in case.

예방 But I think the most important thing is prevention. I explain the precautions thoroughly before the tour to prevent this from happening. I practice my knowledge of first aid to respond quickly to emergencies.

Note

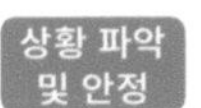

137 손님이 아프다고 할 때/다쳤을 때 대처방안

상황 파악 및 안정 최대한 손님을 안정시킨 후 손님의 상태를 우선 확인한 뒤 증상에 따라 대처하겠습니다.

대처 1) 증상이 경미한 경우, 약국에서 약을 구입하고 호텔에서 휴식을 취할 수 있도록 도와드리겠습니다.

2) 증상이 심각한 경우, 병원으로 이송될 수 있도록 가능한 한 빨리 응급구조를 요청하겠습니다.

보고 상태의 경중을 떠나 여행사에 관련 사실을 보고해 만일의 상황에 대비하도록 하겠습니다.

예방 하지만 무엇보다 중요한 것은 예방이라고 생각합니다. 이런 상황을 예방하기 위해 투어 전 음식이나 안전사고에 대해 철저히 안내하고, 위급상황에 신속하게 대응할 수 있도록 평소 응급구조에 대한 전문지식을 연습하도록 하겠습니다.

상황 파악 및 안정 I stabilize the guest as much as possible. I check the guest's condition first and then deal with them according to their symptoms.

대처 1) If the symptoms are not very serious, I help my guest buy medication from the pharmacy and let them rest at the hotel.

2) If the condition is serious, I call for emergency help immediately so they can be transported to a hospital.

보고 Regardless of the seriousness of the guest's condition, I let the travel agency know this so they can prepare for any possible situations.

예방 But the most important thing is prevention. Before the tour, I inform guests about food or safety regulations to prevent such problems. I practice my knowledge of first aid to respond quickly to emergencies.

Note

위급상황(사고, 재해 등)

이렇게 준비하세요!

- 위급상황은 '선조치 후보고' 기억해 주세요.
- 구성) 손님 대피 ▶ 안전 확인 ▶ 상황에 맞는 대처 ▶ 보고 ▶ 예방
  - » **1) 대피:** 위급상황을 손님에게 알리고 신속히 대피
  - » **2) 확인:** 손님의 안전을 확인
  - » **3) 대처:** 상황에 따른 신속하고 정확한 상황 대처
  - » **4) 보고:** 여행사에 내용 전달을 통한 이후 대응 준비
  - » **5) 예방:** 위급상황이 발생하지 않도록 사전 안내
- 최근 위급상황을 종합적으로 정리해 답변하는 문제들도 출제되고 있습니다.

138 공연 관람 중 화재 발생 시 대처방안

대피 가장 먼저 해야 할 일은 손님을 안전한 곳으로 대피시키는 것입니다. 손님들에게 신속하게 화재 사실을 알리고 비상구를 통해 건물 밖으로 대피하겠습니다.

안전 확인 건물 밖으로 대피한 이후 가장 먼저 손님의 안전을 확인하고,

대처 환자가 발생했을 경우 응급처치 및 구조요청을 하겠습니다.

보고 이후 신속하게 현장 상황을 파악해 여행사에 보고하고 지시에 따르겠습니다.

예방 공연장 입장 전, 화재 발생 시 대피할 수 있는 비상구와 안전 수칙에 대해 반드시 안내하도록 하겠습니다. 평소 화재 대피에 대한 예방 동영상이나 안전 수칙을 숙지해 이런 상황에 당황하지 않고 신속히 대응할 수 있도록 준비하겠습니다.

대피 The first thing to do is to evacuate guests immediately to a safe place. I quickly alert guests about the fire and evacuate the building through the emergency exits.

안전 확인 After evacuating the building, I first check on my guests' safety.

대처 If there is a casualty, I do first aid and call for rescue.

보고 I then rapidly check the situation on the ground, report it to the travel agency, and follow their instructions.

예방 I inform guests of emergency exits and safety procedures in case of a fire accident before entering the venue. I practice with fire prevention videos and safety guidelines to respond quickly and without panic in such a situation.

Note

139 지진(자연재해) 발생 시 대처방안

대피 우선 지진의 규모와 위치에 따라 다르게 대처하겠습니다.

1) 가장 먼저 해야 할 일은 손님을 안전한 곳으로 대피시키는 것입니다.
2) 실내에 있는 경우 테이블 아래로 대피해 머리를 보호하고 문을 열어 두어 비상 상황에 대비하겠습니다. 지진이 멈춘 이후 비상계단을 통해 건물 밖으로 빨리 대피하겠습니다.
3) 실외에 있는 경우 건물이 없는 넓은 곳으로 대피해 낙하물로부터 보호하겠습니다. 산이나 바닷가 근처에 있다면 대피소를 찾아 신속하게 대피하겠습니다.
4) 차량에 타고 있을 경우 차량을 길에 세우고 서둘러 내려 대피하겠습니다.

안전 확인 지진이 멈춘 이후 가장 먼저 손님의 안전을 확인하고,

대처 환자가 발생했을 경우 응급처치 및 구조요청을 하겠습니다.

보고 이후 신속하게 현장 상황을 파악해 여행사에 보고하고 지시에 따르겠습니다.

예방 평소 지진에 대한 예방 동영상이나 안전 수칙을 숙지해 이런 상황에 당황하지 않고 신속히 대응할 수 있도록 준비하겠습니다.

대피 First of all, I take a different action depending on the magnitude and location of the earthquake.

1) The first thing to do is to evacuate guests immediately to a safe place.
2) If we are indoors, we evacuate under a table to protect our heads and leave the door open in an emergency. After the earthquake stops, we quickly evacuate the building via the emergency stairs.
3) If we are outdoors, we go to an open area without buildings to protect ourselves from falling objects. If we are near a mountain or beach, we find shelter and evacuate quickly.
4) If we are in a vehicle, I pull over to the side of the road and hurry to get off and evacuate.

안전 확인 After the earthquake stops, I first check on my guests' safety.

대처 If there is a casualty, I do first aid and call for rescue.

보고 I then quickly check the situation on the ground, report it to the travel agency, and follow their instructions.

예방 I practice with the earthquake prevention videos and safety tips to respond quickly and without panic in such a situation.

140 교통사고 발생 시 대처방안

대처 교통사고가 발생한다면 사고의 경중에 따라 대처하겠습니다.

1) 경미한 접촉 사고일 경우 손님의 안전을 확인하고 보험 회사에 연락해 상황을 마무리한 뒤, 투어를 진행하겠습니다.
2) 하지만 인명 피해가 발생한 큰 사고라면 손님의 안전을 신속히 확인하고 즉시 응급처치와 구조요청을 하겠습니다.

보고 어떤 상황이든 현장 상황을 파악해 여행사에 보고하고 지시에 따르겠습니다.

예방 투어 시작과 동시에 교통사고 발생 시 대처 방법과 안전 수칙에 대해 반드시 안내하도록 하겠습니다. 평소 교통사고 안전 수칙을 숙지해 이런 상황에 당황하지 않고 신속히 대응할 수 있도록 준비하겠습니다.

대처 First, I take a different action depending on the situation.

1) In the case of a minor contact accident, I check the safety of the guests, contact the insurance company to finalize the situation, and proceed with the tour.
2) However, I immediately provide first aid and call for rescue if it is a major accident with casualties.

보고 No matter what, I quickly check the situation, report it to the travel agency, and follow their instructions.

예방 At the beginning of the tour, I explain what to do in a traffic accident and safety tips. I practice the safety regulations to respond quickly and without panic in such a situation.

Note

해설 관련 상황

141 역사 왜곡 주장 손님 대처방안

상황 파악 먼저 손님이 어떤 의견을 가지고 계시는지 잘 듣겠습니다.

대처 1) 만일 제가 잘못된 정보를 알고 있는 것이라면 즉시 사과하고 정정하겠습니다.
2) 손님이 잘못된 정보를 알고 있다면 정중하게 사실을 전달해야 한다고 생각합니다.
3) 그렇게 함으로써 손님들은 다시 한번 이 문제에 대해 다른 시각으로 생각해 볼 수 있는 시간을 갖는 것 또한 의미가 있다고 생각합니다.
4) 다만 여행 서비스를 제공하는 관광통역안내사로서 공격적이거나 감정적으로 접근하지 않도록 주의하겠습니다.

예방 손님께 잘 이해시켜드릴 수 있도록 평소에 관련 공부를 하겠습니다.

상황 파악 I listen to my guest's opinions first.

대처 1) If I am wrong, I apologize and correct it immediately.
2) If a guest is misinformed, I should politely convey the facts I learned.
3) So that guests may have time to think about the issue from a different point of view.
4) However, as a tourist guide who is responsible for travel services, I am careful not to be aggressive or emotional in my approach.

예방 I study more to explain it well to my guest for a better understanding.

Note

142 관광객과 의견 차이가 있는 경우 대처방안

상황 파악 관광통역안내사와 관광객 사이에 의견 차이가 있을 경우, 먼저 관광객의 의견을 경청하며 상황을 정확히 파악하겠습니다.

대처 1) 만일 제가 틀린 경우라면 손님께 정중하게 사과하고 바로잡겠습니다.
2) 의견이 다른 경우라면 관광객의 의견을 존중하면서, 제가 공부한 정보를 바탕으로 한 번 더 안내하겠습니다.
3) 다양한 견해를 공유하며, 다른 관광객들도 참여할 수 있는 기회를 제공하겠습니다.
4) 논쟁이 길어지거나 다른 관광객에게 불편을 줄 경우, 해당 주제를 간단히 마무리하고 다음 해설로 넘어가겠습니다.

예방 해설 중에 발생할 수 있는 의견 차이를 조율하는 능력 또한 관광통역안내사가 갖추어야 할 중요한 자질이라고 생각합니다. 해설 시작 전, 다양한 의견이 있을 수 있음을 미리 안내하고, 모든 관광객이 존중받는 분위기 속에서 투어를 진행하겠습니다.

상황 파악 If there is a difference of opinion between the tour guide and the tourist, I first listen carefully to the tourist's opinion and clearly understand the situation.

대처 1) If I find out that I made a mistake, I politely apologize and correct it.
2) If opinions differ, I respect the tourist's perspective and share the information I have studied, providing further explanations if necessary.
3) I encourage discussion and give other tourists a chance to participate.
4) If the discussion becomes prolonged or causes discomfort to others, I briefly conclude the topic and move on to the next part of the tour.

예방 I believe that handling differences in opinion during tour is an essential skill for a tourist guide. Before starting the tour, I inform the group that various perspectives may arise and ensure that the tour is conducted with mutual respect for all participants.

Note

143 북한 도발 등으로 손님이 불안해하는 경우 대처방안

인정 먼저, 손님들의 불안을 진지하게 받아들이고, 차분한 태도로 손님들의 감정을 이해하고 공감하겠습니다.

대처 1) 현재 상황을 손님들께 정확히 설명하고, 한국 정부와 군 당국이 매우 철저한 안전 대책을 마련하고 있다는 점과 남북한 역사에 대해 설명해 드리겠습니다.
2) 손님들이 추가적으로 궁금해하는 점에 대해 성실하게 답변해 드리겠습니다.
3) 지속적으로 뉴스를 모니터링하며 필요한 경우 즉각 대응할 준비를 하겠습니다. 손님들에게도 상황을 모니터링하고 있음을 알리고, 변화가 있을 경우 신속하게 안내하겠다고 전하겠습니다.

예방 손님께 더 정확하고 풍부한 정보를 제공할 수 있도록 평소에 관련 분야에 대한 공부와 준비를 철저히 하겠습니다.

상황 파악 First, I take the guests' concerns seriously and show understanding and empathy for their feelings.

대처 1) I explain the current situation clearly to the guests and inform them that the South Korean government and military have strong safety measures in place. I also provide some background on the history between South and North Korea.
2) I sincerely answer any additional questions the guests may have.
3) I continue monitoring the news and get ready to respond immediately if necessary. I also let the guests know that we are keeping an eye on the situation and promptly inform them if there are any updates.

예방 To provide guests with more accurate and detailed information, I will consistently study and prepare in advance on related topics.

Note

투어 운영 상황(손님, 일정 등)

144 손님이 옵션투어를 거부할 경우 대처방안

상황 파악 손님이 옵션 투어를 거부하는 경우, 우선 거부 이유를 확인하겠습니다. 손님이 이미 해당 옵션 투어를 경험한 적이 있는지, 아니면 예산 문제인지, 또는 개인적인 사정이 있는지 확인하겠습니다.

대처 1) 손님에게 오해가 없도록 옵션의 목적과 취지에 대해 다시 한번 설명드리겠습니다.
2) 그래도 옵션 투어를 거부할 경우 일단 여행사에 이 사실을 알리고,
3) 손님에게는 자유 시간을 드리거나 호텔로 모셔다드리고 개별적으로 시간을 보낼 수 있도록 안내하겠습니다.
4) 어떠한 상황이든 손님께 강요하는 행위는 옳지 않다고 생각합니다.

예방 이런 일이 발생하지 않도록 투어의 매력을 더 자세히 설명할 수 있도록 연습하겠습니다.

상황 파악 If a guest refuses the optional tour, I first check the reasons: whether the guest has already experienced the tour, if it's due to budget issues, or if there are any personal reasons.

대처 1) I explain the purpose of the optional tour again to avoid any misunderstandings.
2) If my guest still declines the optional tour, I let my travel agency know the situation.
3) I will offer the guest free time or arrange for them to go back to the hotel so they can spend time individually.
4) I believe it is wrong to force anything upon the guest in any situation.

예방 To prevent this from happening, I practice explaining the attractiveness of the tour in more detail.

145 단체 투어 중 개인 활동하는 손님 대처방안

대처 1) 손님에게 단체 여행의 주의사항을 한 번 더 상기시켜 드리고 개인 활동을 하지 않도록 정중히 요청하겠습니다.

2) 개인 활동이 지속된다면 가벼운 벌칙을 통해 늦지 않도록 유도하겠습니다.

예방 하지만 이런 일이 발생하지 않도록 미리 투어 시작 전 단체 여행에 대한 주의사항을 자세히 안내하도록 하겠습니다.

대처 1) I remind my guests of the precautions of group travel and politely ask them not to travel alone.

2) If the guest is still individually doing something, I use a mild penalty to encourage them to be on time.

예방 However, to prevent this, I inform them of the precautions for group travel before the tour starts.

Note

146 손님이 일정 변경 요청 시 대처방안

상황 파악 손님이 일정 변경을 요청하는 경우, 먼저 요청의 이유를 파악하겠습니다. 손님이 특정 관광지에 더 많은 시간을 원하거나, 일정에 포함되지 않은 장소를 방문하고 싶어 하는지, 또는 개인적인 사정이 있는지 확인하겠습니다.

대처 1) 손님의 요청을 신중하게 고려한 후, 가능한 경우와 그렇지 않은 경우를 명확히 구분해야 합니다.

2) 단체여행의 경우 기본적으로 개인 사정에 의한 일정 변경은 불가합니다. 손님에게 그 이유를 정중하게 설명하고, 계획된 일정을 진행해야 하는 부분에 대해 다시 한번 안내하겠습니다.

3) 그러나 자연재해와 같은 긴급 상황으로 인해 일정 변경이 필요한 경우, 관광객의 안전을 최우선으로 하여 즉시 여행사에 보고하고, 여행사의 지시에 따라 적절한 조치를 취하도록 하겠습니다.

예방 이런 일이 발생하지 않도록 투어 시작 전, 일정이 사전에 확정된 것이며, 변경이 어려울 수 있음을 미리 안내하겠습니다.

상황 파악 If a guest requests a change in the schedule, I first understand the reason for the request. I check if the guest wants more time at a specific tourist spot, wishes to visit a place not included in the schedule, or has personal reasons.

대처 1) I carefully consider the guest's request and clearly explain what can and cannot be changed.

2) For group tours, we usually can't change the schedule for personal reasons. I kindly explain this to the guest and remind them that we need to stick to the planned schedule.

3) However, if there is an emergency, such as a natural disaster, that requires a schedule change, I prioritize the safety of the guests, report the situation to the travel agency immediately, and follow their instructions for proper action.

예방 To prevent such situations, I will inform the guests at the start of the tour that the schedule is set in advance and may not be easily changed.

147 피곤해서 호텔로 돌아가고 싶다는 관광객 대처방안

상황 파악 관광객이 피곤해서 호텔로 돌아가고 싶다고 할 경우, 손님의 상태를 확인하여 피로의 정도를 파악하겠습니다.

대처 1) 손님의 상태가 심각하지 않다면, 일시적으로 휴식을 취할 수 있는 장소나 시간을 제공하여 손님이 충분히 회복할 수 있도록 돕고 여행을 지속할 수 있도록 하겠습니다.

2) 손님이 건강상 이유로 호텔로 돌아가기를 원한다면, 여행사에 손님의 상태와 요청을 보고한 뒤 호텔로 돌아갈 수 있도록 교통편을 안내하고, 다른 관광객에게 불편을 주지 않도록 조치를 취하겠습니다.

3) 일정을 마친 후에는 손님의 상태를 다시 확인하여 회복이 되었는지 점검하고, 그 후 남은 일정에 참여할 수 있는지 여쭤보겠습니다. 만약 손님이 괜찮다면 계속 진행할 수 있도록 도와드리고, 그렇지 않다면 적절한 조치를 취하겠습니다.

예방 투어 시작 전, 손님의 건강 상태나 피로도를 미리 확인하고, 일정을 적절히 조정하여 과도한 피로를 유발하지 않도록 주의하겠습니다. 또한, 일정 중간에 충분한 휴식 시간을 제공할 수 있도록 계획을 세우겠습니다.

상황 파악 If a tourist feels tired and wants to return to the hotel, I first check their condition to understand how tired they are.

대처 1) If the tourist's condition is not serious, I provide guests with a place or time to rest so they can recover and continue the tour.

2) If the tourist wants to return to the hotel for health reasons, I report their condition to the travel agency. And I arrange transportation to the hotel, and make sure not to inconvenience the other tourists.

3) After finishing the tour, I check the guest's condition again to see if they have recovered and ask if they are able to continue with the remaining schedule. If they feel okay, I help them proceed with the tour; if not, I take appropriate actions to ensure their comfort.

예방 To prevent such situations, I will inform the guests at the start of the tour that the schedule is set in advance and may not be easily changed.

148 일부 손님이 계속 지각하는 경우 대처방안

상황 파악 손님이 지속적으로 지각하는 경우, 우선 그 이유를 파악하는 것이 중요합니다. 손님이 지각하는 이유가 개인적인 사정 때문인지, 혹은 단순한 시간 관리의 문제인지 확인하겠습니다.

대처 1) 손님에게 정중하게 지각이 다른 사람들에게 미치는 영향을 설명하고, 일정의 중요성과 시간을 준수할 필요성을 안내하겠습니다.

2) 만나는 시간과 장소를 손님이 충분히 이해할 수 있도록 2~3번 반복해서 안내하겠습니다.

3) 만약 지각이 지속된다면, 특정 시간에 집합하지 못한 손님은 이후 일정에 합류하기 어렵다는 점과 함께 이런 경우 환불이 불가함을 안내하겠습니다.

예방 투어 시작 전, 이동 시간과 집합 장소를 미리 알려주고, 손님들에게 충분한 여유 시간을 두어 행동할 수 있도록 안내하겠습니다. 또한, 지각이 반복될 경우 발생할 수 있는 불이익에 대해 미리 설명하여 손님들이 시간을 더욱 엄수하도록 유도하겠습니다.

상황 파악 If a guest is consistently late, it is important to first understand the reason. I check if the guest is late due to personal reasons or if it's simply an issue of time management.

대처 1) I politely explain to the guest how being late affects others and emphasize the importance of sticking to the schedule and respecting time.

2) I inform the guests about the meeting time and place 2-3 times to make sure they fully understand.

3) If the guest continues to be late, I inform them that if they miss the meeting time, it will be difficult for them to join the rest of the tour, and that refunds will not be possible in such cases

예방 Before the tour starts, I inform the guests about the meeting time and location, making sure to give them enough time to prepare. I also explain the consequences of being late, so guests are encouraged to be on time.

149 비가 와서 일정을 다 소화할 수 없을 경우 대처방안

상황 파악 비로 인해 모든 일정을 소화할 수 없는 경우, 날씨 상황과 강수량, 이후 날씨 예보를 신속히 확인하겠습니다. 또한, 비로 인해 진행이 어려운 일정과 가능한 일정, 안전상의 문제를 우선적으로 검토하겠습니다.

대처 1) 손님들에게 날씨로 인한 일정 변경의 사정을 알리고, 불편을 끼쳐드린 점에 대해 진심으로 사과드리겠습니다.

2) 여행사에 상황을 보고한 뒤 진행하지 못한 일정은 다른 날로 변경해 진행하거나, 대체 가능한 실내 관광지나 활동을 제안하여 일정을 조정하겠습니다.

3) 일정 중 손님들이 비에 젖지 않도록 우산, 우의 등을 제공하고, 이동 시 안전을 철저히 확보하겠습니다.

예방 날씨 변화에 대비하여 사전에 실내 활동이나 대체 관광지를 계획하고, 손님들에게 우산, 방수 신발 등 필요한 준비물을 사전에 안내하겠습니다. 또한, 일정을 세울 때 기상 예보를 주의 깊게 확인하여 유연한 계획을 수립하겠습니다.

상황 파악 If it's raining and we can't follow the plan, I quickly check the weather, how much it's raining, and the forecast. I also check which activities are not possible and which ones we can still do safely.

대처 1) I explain to the guests about the schedule changes caused by the weather and sincerely apologize for any inconvenience.

2) I report the situation to the travel agency and adjust the schedule by either moving the missed activities to another day or suggesting alternative indoor attractions or activities.

3) To ensure guests stay dry, I prepare umbrellas or raincoats and make sure safety is maintained during travel.

예방 To prepare for bad weather, I make a plan for indoor activities or other places to visit. I tell guests to bring things like umbrellas or waterproof shoes. I also check the weather forecast before making the schedule so we can change plans easily.

투어 운영 상황(교통, 예약 등)

150 항공기 연착 시 대처방안

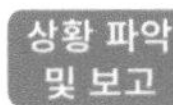

상황 파악 및 보고 항공기 연착 시간을 확인한 뒤 여행사에게 지연 사실에 대해 우선 보고하겠습니다.

대처 1) 기사님께 연락해 도착 지연 사실을 알려드리고 변경된 시간에 맞춰 준비할 수 있도록 하겠습니다.

2) 지연 시간에 맞춰 호텔, 식당 등 예약을 변경하겠습니다.

3) 도착 시간은 계속 변경될 수 있으므로 지속적으로 시간을 확인하고, 손님을 맞이할 준비를 하겠습니다.

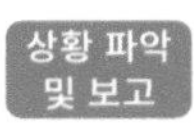

상황 파악 및 보고 I confirm the flight delay and report the delay to my travel agency as soon as possible.

대처 1) I contact my driver to inform him about the delay so he can prepare for the changed time.

2) I make any changes to my hotel, restaurant, etc., reservations based on the delay.

3) The arrival time could change, so I continue checking the time and being ready to welcome guests.

Note

151 항공기 출발 지연 시 대처방안

안정 항공기 출발 지연 사유가 무엇이든 우선 여행객들에게 상황을 설명하고 양해를 구하겠습니다.

대처 1) 항공사에 연락해 지연 시간이 얼마나 되는지 확인한 뒤 상황을 여행사에 바로 알리고 여행사의 지시에 따르겠습니다.
2) 단시간 대기일 경우, 주변의 관광지를 둘러보거나 공항에서 기다릴 수 있도록 하고,
3) 장시간 대기일 경우, 여행사와 협의해 식당과 숙박에 대한 사항을 확인하겠습니다.
4) 여행객들에게 다시 한번 상황을 설명하고, 안심을 시킨 뒤

책임감 수시로 공항과 비행 상황을 확인해 손님들이 안전하게 돌아가실 수 있도록 하겠습니다.

안정 Whatever the reason for the delay, I first explain the situation to travelers and ask for their understanding.

대처 1) I contact the airline to find out how long the delay will be, and I will immediately inform my travel agency of the situation and follow their instructions.
2) If it's a short wait, I give an extra tour around the area or wait at the airport.
3) If it's a long wait, I coordinate with the travel agency to confirm restaurant and accommodation options.
4) I explain the situation to travelers again, making them feel at ease.

책임감 I check the flight status to ensure they get home safely.

Note

152 호텔 체크인 시 예약된 방이 없을 경우 대처방안

사과 사유가 무엇이든 벌어진 상황에 대해 우선 손님에게 사과하겠습니다.

대처 1) 신속히 여행사에 연락해 상황을 보고한 뒤 다른 호텔을 최대한 빨리 알아보고 투숙할 수 있도록 하겠습니다.

2) 다시 한번 진심으로 손님께 사과하겠습니다.

예방 투어 전 호텔에 미리 예약을 확인해 이런 불만이 일어나지 않도록 하겠습니다.

사과 I must apologize to my guest about the situation.

대처 1) I let the travel agency know the situation and try to find another available hotel as soon as possible.

2) Once again, I sincerely apologize to the guest.

예방 However, I should double-check with the hotel before the tour to ensure this doesn't happen.

Note

153 방문 예정 관광지가 문을 닫은 경우 대처방안

상황 파악 방문 예정인 관광지가 문을 닫은 경우, 먼저 해당 관광지가 문을 닫은 이유를 신속하게 파악합니다. 예를 들어, 임시 휴무일인지, 예기치 못한 긴급 상황인지, 아니면 날씨나 기타 외부 요인으로 인한 결정인지 확인하겠습니다.

대처 1) 손님에게 상황을 즉시 알리고, 문을 닫은 이유를 설명하며 진심으로 사과드리겠습니다.

2) 여행사에 상황을 즉시 보고하고, 대체 관광지나 활동을 신속하게 제시하여 일정을 최대한 원활하게 조정하겠습니다.

3) 만약 일정 변경이 불가능하다면, 다른 방식으로 손님의 기대를 충족시킬 수 있는 방안을 모색하고, 추가 혜택을 제공하는 등의 방법을 고려하겠습니다.

예방 이러한 일이 재발하지 않도록, 투어 시작 전 미리 방문 예정 관광지의 운영 상황을 확인하고, 만약의 경우를 대비해 대체 일정을 미리 준비해 두겠습니다.

상황 파악 If the scheduled tourist attraction is closed, I first quickly find out the reason for the closure. For example, I check if it is due to a temporary closure, an emergency situation, or if it is caused by weather or other external factors.

대처 1) I immediately inform the guests about the situation, explain the reason for the closure, and sincerely apologize for the inconvenience.

2) I promptly report the situation to the travel agency and quickly suggest an alternative attraction or activity to adjust the schedule as smoothly as possible.

3) If changing the schedule is not possible, I find ways to meet the guests' expectations in another way, such as offering additional benefits or other compensation.

예방 To prevent this from happening again, I check the operation status of the destinations before the tour begins, and prepare an alternative plan in case of any unexpected situations.

154 교통체증으로 비행기를 놓쳤을 경우 대처방안

상황 파악 교통체증으로 인해 비행기를 놓친 경우, 먼저 교통체증이 발생한 이유와 상황을 정확히 파악하겠습니다.

대처
1) 비행기를 놓친 상황에 대해 손님께 신속히 알리고, 불편을 끼쳐드린 점에 대해 진심으로 사과드리겠습니다.
2) 여행사에 즉시 상황을 보고하고, 문제 해결을 위한 협조를 요청하겠습니다.
3) 항공사에 비행기 탑승이 불가능했음을 신속히 알리고, 대체 가능한 항공편이나 다른 이동 수단을 문의하겠습니다.
4) 손님이 공항에서 대기해야 할 경우, 편안히 쉴 수 있는 공간을 안내하고, 음료나 식사를 제공하여 불편을 최소화하겠습니다. 동시에, 최대한 신속히 해결책을 마련할 수 있도록 노력하겠습니다.

예방 이런 일이 발생하지 않도록, 투어 시작 전 충분한 이동 시간을 계획하고, 실시간 교통 상황을 점검하며 여유 시간을 확보하겠습니다.

상황 파악 If a flight is missed due to traffic congestion, I first determine the exact reason and circumstances of the traffic delay.

대처
1) I promptly inform the guests about the situation and sincerely apologize for the inconvenience caused.
2) I immediately report the situation to the travel agency and request their support to resolve the issue.
3) I contact the airline as soon as possible to inform them of the missed flight and ask about alternative flights or other travel options.
4) If the guests need to wait at the airport, I guide them to a comfortable waiting area and provide refreshments or meals to minimize their inconvenience. At the same time, I make every effort to find a quick and effective solution.

예방 To prevent this from happening again, I check the operation status of the destinations before the tour begins.

관광 실무

이렇게 준비하세요!

- 관광 실무는 두 가지 형태의 문제로 출제됩니다.
  - » 실제 관광통역안내사처럼 멘트하기
  - » 일반 면접 문제들과 동일하게 항목을 말하기

155 공항에서 첫 도착지까지의 안내사항 - 매년 출제

» **안전 정보:** 안전벨트 착용 요청 등
» **인사:** 환영 인사, 자기소개, 기사님 소개, 손님 컨디션 확인, 출발 전 개인 짐 확인 등
» **투어 정보:** 날씨 및 온도, 코로나 관련 주의사항, 특이사항(무슬림일 경우) 안내 등
» **일정 정보:** 전체 일정, 첫 행선지 및 소요시간 등
» **지역 정보:** 한국, 서울, 인천 등 지역에 관한 정보 등

1) 여러분, 안녕하세요? 앞으로 3일 동안 여러분들과 함께 여행하게 된 영어 가이드입니다. 여러분들과 함께 하게 되어 기쁘게 생각합니다. 기사님은 김00 기사님으로 안전운행을 위해 큰 박수 부탁드립니다.
2) 우선 출발하기 전 모두의 안전을 위해 안전벨트 착용을 부탁드리고, 공항에 혹시 놓고 오신 짐이 없는지 개인 짐도 한 번 더 확인 부탁드립니다.
3) 한국은 4계절이 있는데 11월인 지금은 가을의 끝자락입니다. 기온은 오전 5도에서 오후에는 15도 정도 올라가 아침저녁으로는 쌀쌀하고, 오후에는 따뜻한 날씨입니다. 여행에서 건강이 제일 중요하니 다들 감기 걸리지 않도록 외투 잘 챙기시기 바랍니다.
4) 저희는 오늘부터 3일 동안 서울을 돌아보는 일정으로 1-2일차에는 역사 관광지와 전통 시장을 둘러볼 예정이고, 3일차에는 쇼핑지를 방문하는 일정입니다.
5) 저희가 처음으로 가는 곳은 서울의 대표 관광지인 경복궁이고 소요시간은 약 1시간 30분입니다.
6) 한국과 관련해서 궁금한 것들 있으시면 언제든지 저에게 문의해 주시면 제가 최선을 다해 대답해 드리겠습니다.
7) 사실 여러분들이 저의 첫 번째 손님이라 무척 떨리고 긴장됩니다. 하지만 여러분들과 좋은 시간을 만들어 드리기 위해 많은 준비를 했으니 여러분들의 많은 도움 부탁드립니다. 한국에서 멋진 시간 함께 만들어 갔으면 좋겠습니다. 감사합니다.

1) Hello, **I'm an English tour guide,** traveling with you for the next three days. I'm excited to be with you. The driver is Mr. Kim, please give him a big hand for safe driving.
2) Before we leave, I'd like to remind everyone to **fasten your seat** belts for safety and to check your personal belongings to make sure you haven't left anything behind at the airport.
3) Korea has four seasons, and it's November, so we're at the end of fall. The **temperature** will range from 5 degrees in the morning to 15 degrees in the afternoon, so it's chilly in the morning and evening and warm in the afternoon. Your health condition is the most important thing when traveling, so please bring your coat to avoid catching a cold.
4) Starting today, we'll spend **three days exploring Seoul,** with the first two days focusing on historical sightseeing spots and traditional markets, and day three on shopping.
5) The **first stop** will be Gyeongbokgung Palace, a tourist attraction in Seoul, which will take about an hour and a half.
6) If you have any questions related to Korea, **please feel free to ask me**, and I will do my best to answer them.
7) Actually, you are my first guest, so I'm very excited and nervous. However, I have **made a lot of preparations to have a good time with you.** Let's have a great time together in Korea. Thank you.

※ 자기소개 시 한국 이름은 말하지 않습니다. 영어 이름 또는 A와 같은 단어를 사용해서 소개하세요.
※ 투어 기간은 3일 이내에서, 투어 코스는 자유롭게 설정하시면 됩니다.
※ 가이드처럼 말하는 것에는 끝이 없으므로 적당한 시점에 마무리할 수 있도록 합니다.

Note

156 호텔 체크인 시 안내 사항 - 매년 출제

» **체크인 안내:** 방 타입, 객실 층 및 엘리베이터 위치 등
» **와이파이:** 비밀번호, 사용방법, 비용 등
» **내일 일정:** 만나는 시간 및 장소 등
» **조식 안내:** 시간 및 식당 위치 등
» **호텔 안내:** 편의시설(편의점 등), 부대시설(피트니스 등), 미니바 등
» **주변 안내:** 체크인 이후 개인적으로 자유 시간을 보낼 수 있도록 안내
» **기타 안내:** 모닝콜 필요 여부, 비상시 탈출 방법, 비상시 연락 방법 등

서론 호텔 체크인 시 손님에게 전달해야 할 **다양한 안내 사항**이 있습니다.

본론 1) 우선 **체크인과 관련된 안내**를 드리겠습니다. 방 타입이 맞는지 확인하고, 객실의 층수와 엘리베이터 위치 등을 전달하겠습니다.

2) 손님들이 가장 궁금해하시는 **와이파이** 사용법과 비밀번호에 대해 안내해 드리겠습니다.

3) 다음 날 **조식 안내**를 드리겠습니다. 조식 식당의 위치와 운영시간 그리고 붐비는 시간 등을 확인해서 안내해 드리겠습니다.

4) 다음으로 **내일 일정**을 간략하게 설명하고, 만나는 시간과 장소를 꼼꼼하게 안내해 지각하는 분이 없도록 하겠습니다. 또한 **모닝콜**이 필요하신 분들이 있는지 확인해 명단을 호텔에 전달하겠습니다.

5) **호텔 내 부대시설**에 대한 안내도 중요하다고 생각합니다. 편의점이나 피트니스 등 호텔 내부에서 할 수 있는 편의 시설과 **호텔 주변 명소**를 안내하고 자유시간을 보낼 수 있도록 하겠습니다.

6) 하지만 무엇보다 중요한 것은 안전이라고 생각합니다. 비상시 신속하게 대처할 수 있도록 **비상구와 비상시 연락 방법**에 대해서도 안내하겠습니다.

결론 이후 손님들에게 키를 나누어 드리고 **방으로 올라갈 수 있도록 안내**하겠습니다.

Note

서론 I have a **few instructions** to share with my guests when checking into a hotel.

본론 1) First, I provide **check-in instructions**, such as confirming the room type, floor, elevator location, etc.

2) I provide instructions on how to use the **Wi-Fi and the password,** which is the most important thing the guests will want to know.

3) I describe the **breakfast**, including the location of the breakfast restaurant, hours of operation, and peak time.

4) Next, outline the **schedule for the next day** and let them know the exact meeting time and location so they will be on time for meetings. I check to see if anyone needs a **wake-up call** tomorrow and send the list to the hotel.

5) It's also important to let them know about the **hotel's amenities**, such as the convenience store and fitness center, as well as any **attractions around the hotel** where they can spend their free time.

6) However, **safety** is the most important thing, so I also show them where the exits are and how to contact the tourist guide in an emergency so they can respond immediately.

결론 I then hand out keys to the guests and **lead them to their rooms.**

※ 관광통역안내사처럼 직접 손님에게 안내하는 연습도 함께 해 보시기 바랍니다.

Note

157 투어 전 준비 사항 - 매년 출제

» **손님 정보:** 국적, 이름, 연령. 특이사항 등
» **출도착 정보:** 날짜, 편명, 공항 위치, 시간 등
» **투어 일정:** 일정, 동선, 시간 배정(자유 시간) 등
» **예약 사항:** 버스, 식당, 호텔, 관광지 티켓 등
» **관광지 정보 숙지:** 관광지 해설 숙지 및 매표소, 화장실 등 편의시설

서론 관광통역안내사는 투어 전 투어와 관련된 사항들에 대한 **준비를 철저히 해야 한다고 생각합니다.**

본론 1) 우선 **손님의 명단**을 통해 손님의 **이름, 국적, 연령, 특이사항**을 확인하겠습니다.
2) 항공편의 **출도착 일정**을 확인하겠습니다. 출도착 일정에는 **날짜, 편명, 공항 위치, 시간** 등 정보를 확인할 필요가 있습니다.
3) **투어 일정** 또한 확인해야 할 사항입니다. 특히 **전체 투어의 일정과 동선**, 또한 자유 시간을 포함해 세부 일정을 준비해야 합니다.
4) 이후 투어와 관련해 **예약된 사항**을 확인하겠습니다. 예약으로는 **버스, 식당, 호텔, 관광지에서의 티켓** 등이 해당됩니다. 기사님께 연락해 일정을 미리 공유하고, 식당과 호텔에는 도착 시간과 인원, 특이식성에 대한 정보를 미리 공유하겠습니다.
5) 마지막으로 방문하는 **관광지의 정보**를 조사하고 숙지해 실수 없이 해설할 수 있도록 하며, 특히 매표소와 화장실 등의 편의 시설의 위치를 파악하도록 하겠습니다.

결론 아직 초보이지만 실무 경험을 바탕으로 관광 가이드로서 계속 **발전해 나가도록 노력**하겠습니다.

서론 As a tourist guide, I should **make sure to prepare** for the tour.

본론 1) First, I check the **guest list** to confirm the **names, nationalities, ages, and special needs** of the guests.
2) I check the **flight's arrival and departure schedule,** which includes the **date, flight number, airport location, and time.**
3) The **tour itinerary** is another thing to check, especially since I need to prepare a **detailed itinerary,** including the schedule for the entire tour and free time.
4) Next, I check for any **reservations for the tour.** Bookings include **buses, restaurants, hotels, and tickets to attractions.** I'll contact the driver and share the itinerary in advance with the restaurants and hotels along with the arrival time, number of people, and any special dietary requirements.
5) Finally, I **study and prepare** to be able to explain **tourist spots**, especially the location of facilities such as ticket offices and restrooms.

결론 I'm still a beginner, but I will **continue to develop** as a tourist guide based on my practical experience.

158 처음 외국인 관광객을 만났을 때 응대하는 방법 - 23,24년 출제

서론 외국인 관광객과의 첫 만남에서 친해지는 것은 **성공적인 투어를 이끌기 위해 매우 중요**합니다. 처음 외국인 관광객을 만나 응대하기 위한 몇 가지 방법을 말씀드리겠습니다.

본론 1) **문화적 차이에 대한 존중과 이해)** 각국의 문화적 차이를 존중하며 대화를 나누는 것이 중요합니다. 예를 들어, **그들의 모국어로 간단한 인사**를 건네거나, 그들의 문화와 관련된 질문을 통해 따뜻하게 맞이하겠습니다.

2) **적극적인 소통과 공감)** 처음 만났을 때, **관광객에게 밝은 미소와 따뜻한 인사**를 건네며 시작합니다. 간단한 자기소개와 함께 관광객의 이름을 기억하고, 내가 여행을 가본 국가에서 오신 손님이라면 나의 여행담을 통해 친밀감을 만들겠습니다.

3) **환영 선물 증정)** 첫 만남에서 간단한 환영 선물을 준비하여 증정하는 것도 좋은 방법입니다. **한국의 전통 문양이 들어간 작은 기념품이나 간식** 등은 관광객에게 따뜻한 환영의 마음을 전달할 수 있으며, 좋은 첫인상을 남기게 됩니다.

결론 관광객들이 가이드와 친밀감을 느낄 때, 그들은 더욱 열린 마음으로 여행을 즐기게 되며, 이는 **긍정적인 여행 경험**으로 이어집니다.

서론 Building a good connection with international tourists at the first meeting is **very important for a successful tour.** Let me share some tips on how to welcome and interact with travelers when meeting them for the first time.

본론 1) **문화적 차이에 대한 존중과 이해)** It is important to respect cultural differences and engage in conversations based on mutual understanding. For example, I will warmly greet them by **saying a simple phrase in their native language** or by asking questions related to their culture.

2) **적극적인 소통과 공감)** Start the first **meeting with a bright smile and a warm greeting.** Introduce myself briefly and try to remember the tourists' names. If they are from a country I have visited, sharing my travel experiences can create a sense of connection.

3) **환영 선물 증정)** Preparing a small welcome gift is also a great idea. Small **souvenirs with traditional Korean patterns or snacks** can deliver a warm welcome and leave a good first impression on the tourists.

결론 When tourists feel close to their guide, they are more likely to enjoy the tour with an open mind, **leading to a positive travel experience.**

Note

07

관광 일반

07

관광 일반

학습 내용 및 목표

본 단원에서는 **관광학 개론과 최근 관광 정책**에 대해 전반적으로 학습합니다. 관광 정책과 트렌드에 대한 이해도를 높이고 **답변을 보다 풍부하게 하는데 활용**할 수 있도록 준비해 보시기 바랍니다.

준비 방향

가. 관광 용어

관광의 기본적인 개념을 영어로 표현하는 것이 쉽지는 않습니다. **순서대로 외우는 것보다는 시간을 내 틈틈이 연습**하시는 것을 추천드립니다.

나. 관광의 종류

관광의 종류는 '정의 → 특징 → 예시'로 비슷하게 구성할 수 있습니다. **자신만의 패턴문장을 활용**해 보세요.

다. 관광 정책

매년 내용이 규정이 달라질 수 있는 부분으로 **큰 틀에서 내용을 숙지**하시고 **시험 전 세부내용을 확인**하셔서 **변경된 내용을 반영**한 뒤 답변을 준비해 보시기 바랍니다.

출제 빈도: ★★★★ 중요도: ★★★★

관광 일반은 **출제 빈도가 높고**, 한국 관광에 대한 이해도를 판단할 수 있는 문제들로 **중요도 또한 높습니다.**

Note

159 여행업의 종류/Types of travel businesses - 20,24년 출제

여행업이란 여행자 또는 여행에 부수적으로 필요한 운송시설 · 숙박시설, 그 밖에 기타 시설의 사업자를 대리하여 그 시설 이용 알선이나 계약 체결의 대리, 여행에 관한 안내, 그 밖의 여행 편의를 제공하는 업입니다.

The business of acting as an agent for travelers or business operators of means of transportation, accommodation, or other facilities incidentally required in traveling to provide them with services of arranging the use of such facilities, vicariously signing contracts, or furnishing them with travel information and other conveniences for travel.

종합여행업 General travel	국내외를 여행하는 내국인 및 외국인을 대상으로 하는 여행업(사증을 받는 절차를 대행하는 행위를 포함) /자본금 5천만 원 A travel business for domestic residents and foreigners who travel in Korea or overseas (including an agency for providing visa processing services on behalf of others) / Capitalization 50 million won
국내외여행업 Overseas/ Domestic travel	국내외를 여행하는 내국인을 대상으로 하는 여행업(사증을 받는 절차를 대행하는 행위를 포함) /자본금 3천만 원 A travel business for domestic residents who travel in Korea or overseas / Capitalization 30 million won
국내여행업 Domestic travel	국내를 여행하는 내국인을 대상으로 하는 여행업 /자본금 750만 원 (2026년 6월 말까지 한시적 완화) A travel business for domestic residents who travel in Korea. / Capitalization 7.5 million won

※ 법안의 구체적인 내용이 달라질 수 있으므로 관광학 개론을 참고해 답변을 구성하시기 바랍니다.

160 여행사의 업무/Travel agency duties -21,24년 출제

전통 업무 여행사의 전통적인 업무는 고객에게 1) 여행 상담을 제공하고 2) 여행 계획을 세우는 데 도움을 주는 역할입니다. 또한, 여행사는 3) 여행 상품을 개발하고 예약을 처리하며 항공권, 호텔, 교통편 등을 조정합니다. 여행 일정 관리, 여행 중 발생하는 문제 해결, 필요한 서류와 비자 정보 제공 등을 통해 4) 고객의 여행을 원활하게 지원합니다.

변화 앞으로의 여행사 업무는 전통적인 업무를 바탕으로, 기술 기반의 시스템을 활용해 고객 맞춤형 여행을 더욱 강화하는 데 중점을 둡니다. 인공지능과 빅데이터를 활용하여 고객의 특성과 선호에 맞는 맞춤형 여행을 제공하고, 디지털 플랫폼을 통해 실시간 여행 정보를 제공하며, 고객의 상황에 맞춰 빠르고 정확한 대응을 하는 것이 중요한 역할을 할 것입니다.

전통 업무 The traditional tasks of a travel agency include 1) providing travel consultation and 2) helping customers plan their trips. Travel agencies also 3) develop travel packages and handle bookings, arranging flights, hotels, transportation, and more. They manage the travel schedule, solve problems that may arise during the trip, and provide necessary documents and visa information to 4) support a smooth travel experience for customers.

변화 The future work of travel agencies will focus on enhancing personalized travel by using technology-based systems, building on traditional tasks. By using AI and big data, travel agencies can offer trips tailored to customers' preferences and characteristics. They will also provide real-time travel information through digital platforms and play an important role in responding quickly and accurately to customers' needs based on their situations.

Note

161 기획여행/Package Tour - 19,23,24년 출제

정의 여행업을 경영하는 자가 여행을 하려는 예비 여행자를 대상으로 여행의 목적지 · 일정, 여행자가 제공받을 운송 또는 숙박 등의 서비스 내용과 그 요금 등에 관한 사항을 미리 정하고 이에 참가하는 여행자를 모집하여 실시하는 여행을 말합니다.

장단점 기획여행은 시간과 비용을 절약하고 편리하게 이용할 수 있는 장점이 있는 반면 개인적인 취향이 반영되지 않고 일정이 빠듯해 시간에 쫓기는 단점이 있습니다.

가이드 역할 패키지 관광객을 안내할 때는 일정 관리와 안전이 가장 중요합니다. 정해진 장소와 일정에 맞춰 그룹 전체를 효율적으로 이동시키고, 시간 엄수와 함께 안전하게 투어를 진행하는 것이 핵심입니다. 또한, 그룹 내 모든 손님이 만족할 수 있도록 공통 관심사에 맞춘 설명을 제공해야 합니다.

정의 The term ‘package tour’ means a trip for which a person who runs a travel business prepares a program for prospective travelers, including the destinations, itinerary, transportation, accommodation, and other services. And it operates such a program by inviting prospective travelers to participate in it.

장단점 While package tours are great for saving time, money, and convenience, they also have the disadvantage of not reflecting personal preferences and having a tight schedule.

가이드 역할 When guiding package tourists, managing the schedule and keeping everyone safe are the most important. It is essential to move the whole group efficiently according to the set locations and schedule, while being on time and ensuring everyone stays safe. Also, I need to provide explanations that match the common interests of all the guests so that they are satisfied.

Note

162 개별자유여행/FIT - 19,23,24년 출제

정의 개별여행은 기획여행의 반대 개념으로 소그룹이 **자신들의 기호와 취향을 적극 반영**해 즐기는 여행 형태입니다. 하지만 인원수가 많더라도 **자유일정을 즐기는 여행객**을 일컫는 용어로 사용하고 있습니다.

장단점 FIT는 패키지여행처럼 여행사가 마련한 현지 여정을 따르지 않고 자신들이 직접 결정해 움직이기 때문에 **자유롭게 여정을 즐길 수 있는 장점**이 있는 반면, **시간과 노력이 많이 소요되고 가격이 비싸다는 단점**이 있습니다. 현재 FIT는 한국 관광산업에서 **인바운드 시장의 80% 이상**을 차지합니다.

가이드 역할 FIT 관광객을 안내할 때는 **개별 손님의 요구를 빠르게 파악**하는 것이 중요합니다. 손님들이 원하는 관광지나 활동에 **유연하게 대응**하며, **맞춤형 정보를 제공**하고, 개인의 속도와 스타일에 맞춘 서비스를 제공하는 것이 필요합니다.

정의 FIT is the opposite of a package tour and is a form of travel where a small group of travelers **actively pursue their own preferences and tastes.** However, the term also describes travelers who **enjoy an independent itinerary,** even in large groups.

장단점 The advantage of FIT is that travelers **can make their own decisions and move around the country** rather than following an itinerary set up by a travel agent like a package tour, but the **disadvantage** is that it can be more **time-consuming and expensive.** FIT accounts for **more than 80% of the inbound market** in the Korean tourism industry.

가이드 역할 When guiding FIT tourists, it is important to **quickly understand each guest's needs.** It is necessary to be **flexible in responding** to the attractions or activities they want, provide **tailored information**, and offer services that match their individual pace and style.

※ FIT는 다양한 용어로 해석이 되고 쓰이고 있으나 "개별"이라는 의미를 포함해 사용하면 됩니다. (F: Free, Foreign, Frequent, / I: Individual, Independent / T: Tour, Travel, Traveler)

※ FIT 비율은 매년 한국관광공사에서 발간하는 '외국인 실태조사 보고서'를 참고해 대답하시기 바랍니다.

163 인바운드와 아웃바운드/Inbound,Outbound - 20,22,23년 출제

인바운드 Inbound	한국을 방문하는 외국 여행자들을 대상으로 하는 관광업 Inbound tourism is a travel business for international tourists visiting Korea.
아웃바운드 Outbound	외국을 방문하는 한국 여행자들을 대상으로 하는 관광업 Outbound tourism is a travel business for Korean tourists visiting other countries.
인트라바운드 Intrabound	국내를 여행하는 내국인(한국인) 관광객 및 장기 체류 외국인을 대상으로 하는 관광업(장기체류: 3개월 이상) Intrabound tourism is a travel business for Korean tourists and foreign long-term residents traveling in Korea.

관광업은 크게 인바운드, 아웃바운드, 인트라바운드로 구분할 수 있습니다.
인바운드는 한국을 방문하는 외국 여행자들을 대상으로 하는 관광업입니다. 아웃바운드는 외국을 방문하는 한국 여행자들을 대상으로 하는 관광업입니다. 인트라바운드는 국내를 여행하는 내국인 관광객 및 장기 체류 외국인을 대상으로 하는 관광업입니다.
2024년 인바운드 관광객은 약 1,697만 명으로 2023년과 비교해 47.5% 증가했고, 주요 국가는 일본, 중국, 대만, 홍콩, 미국 순이었습니다.
2024년 아웃바운드 관광객은 약 2,872만 명으로 2023년과 비교해 26.2% 증가했고, 주요 국가는 일본, 베트남, 태국, 필리핀, 중국 순이었습니다.

Tourism can be categorized into inbound, outbound, and intrabound.
Inbound tourism is a travel business for international tourists visiting Korea.
Outbound tourism is a travel business for Korean tourists visiting other countries.
Intrabound tourism is a travel business for Korean tourists and foreign long-term residents traveling in Korea.
In 2024, the number of inbound tourists is expected to be around 16.97 million, a 47.5% increase compared to 2023. The main countries are Japan, China, Taiwan, Hong Kong, and the United States.
For outbound tourists in 2024, the number is expected to be around 28.72 million, a 26.2% increase compared to 2023. The main countries are Japan, Vietnam, Thailand, the Philippines, and China.

※ 인바운드와 아웃바운드 관광객 수는 해당 연도의 한국관광공사에서 발간하는 '외국인 실태조사 보고서'를 참고해 대답하시기 바랍니다.

164 관광특구/Special Tourist Zone - 19,24년 출제

정의 관광특구는 **외국인 관광을 촉진**하고 지역의 독특한 관광 명소를 알리기 위해 특별 인센티브, 인프라 및 지원을 제공하는 지역입니다.

(진흥법 정의: 관광특구는 외국인 관광객의 유치 촉진 등을 위하여 관광활동과 관련된 관계법령의 적용이 배제되거나 완화되고, 관광활동과 관련된 서비스, 안내체계 및 홍보 등 관광여건을 집중적으로 조성할 필요가 있는 지역입니다.)

지정 요건 지정 요건은 외국인 관광객 수가 **최근 1년간 10만 명(서울특별시는 50만 명) 이상**이어야 하고, 관광안내시설 · 공공 편의시설 · 숙박시설 등이 **관광객 수요를 충족시킬 수 있는 지역**이어야 합니다.

현황 **최초로 지정된 관광특구는 1994년 부산 해운대, 대전 유성, 설악, 경주, 제주도**이고, 점차 서울, 경기도, 강원도, 경상도, 전라도와 제주도로 확대돼 **현재는 36개의 관광특구**가 등록되어 있습니다.(2025년 3월 기준)

정의 A special tourist zone is an area that supports **promoting international tourism** and showcasing a region's unique attractions by offering special incentives.

(진흥법 정의: The term "special tourist zone" means an area designated pursuant to this Act as one exempted or granted leniency from regulations under any statute or regulation related to tourism activities and in which it is required to apply endeavors to develop an environment for tourism, such as services, information systems, and public relations, relating to tourism activities in order to facilitate the attraction of foreign tourists.)

지정 요건 To be designated, the number of **foreign tourists must be at least over 100,000 (500,000 in Seoul)** in the past year, and the area must have tourist information facilities, public amenities, and accommodation **facilities to meet tourist demand.**

현황 The **first designated special tourist zones were Haeundae in Busan, Yuseong in Daejeon, Seorak, Gyeongju, and Jeju Island in 1994.** They gradually expanded to Seoul, Gyeonggi-do, Gangwon-do, Gyeongsang-do, Jeolla-do, Jeju Island, and currently, **36** special tourist zones are registered. (As of Mar. 2025)

※ 해당 연도의 문화체육관광부에서 발표하는 관광특구 지정현황을 참고해 대답하시기 바랍니다.

165 스탑오버,레이오버,트랜짓/Stopover,Layover,Trasit - 17,18,19,20,22,24년 출제

정의 스탑오버는 최종 목적지로 가는 도중 경유지에 머무는 것으로, 보통 24시간 이상의 체류를 의미합니다. 경유지에서 여행자는 공항을 떠나 경유지를 둘러보거나, 명소를 방문하거나, 휴식을 취하거나, 기타 활동을 할 수 있고, 기간은 여행자의 선호도, 항공사 정책 및 여행 목적에 따라 달라질 수 있습니다.

효과 여행자들은 스탑오버를 통해 추가 항공편 비용 없이 더 많은 국가를 방문할 수 있고, 해당 지역은 스탑오버를 통해 관광객을 유치할 수 있어 관광산업을 활성화할 수 있습니다.

레이오버와 트랜짓 반면 레이오버는 최종 목적지에 도착하기 전 경유지에서 24시간 이내에 환승하는 항공편을 의미합니다. 트랜짓은 경유지에서 항공편이 바뀌지 않고 최종 목적지까지 동일한 항공편을 이용하는 서비스로 별도의 출입국 심사가 필요하지 않습니다.

정의 A stopover refers to a stay at an intermediate point on the way to a final destination, typically lasting more than 24 hours. During a stopover, travelers can leave the airport to explore the stopover location, visit attractions, relax, or engage in other activities. The duration of the stopover can vary depending on the traveler's preferences, airline policies, and the purpose of the trip.

효과 Stopovers allow travelers to visit more countries and enjoy adventures without the cost of additional flights, and the region gets more tourists through stopovers, which boosts tourism.

레이오버와 트랜짓 On the other hand, a layover refers to a connecting flight at an intermediate point within 24 hours before reaching the final destination. Transit, however, refers to a service where the same flight continues to the final destination without changing planes at the layover point, and no additional immigration checks are required.

Note

166 초과예약/Overbooking - 18,20,24년 출제

정의 초과예약은 오버세일(Over-Sale)이라고도 표현하는 것으로 항공사에서 예약 승객이 공항에 나타나지 않는 경우를 대비하고 효율적인 항공좌석의 판매를 위해 일정한 비율의 승객에 대해 실제 판매 가능 좌석 수보다 초과하여 예약을 받는 경우를 말합니다.
초과 예약으로 인해 예약한 좌석을 이용할 수 없는 경우 항공사는 좌석 업그레이드와 같은 다른 혜택을 제공합니다.

혜택 초과 예약으로 인해 예약한 좌석을 이용할 수 없는 경우 항공사는 손님에게 비즈니스 클래스나 프리미엄 좌석으로 업그레이드, 일정 금액의 보상금 지급 또는 다른 항공편으로 재예약해 주는 등의 배상을 제공합니다. 이외에도 숙박비, 식사비 등을 제공할 수 있습니다.

정의 Overbooking, also known as overselling, is when an airline takes reservations for a certain percentage of passengers more than the seats available for sale, both in case the booked passengers do not show up at the airport and to ensure that the airline sells seats efficiently.

혜택 If a passenger cannot use their reserved seat due to overbooking, the airline may offer compensation such as an upgrade to business class or premium seats, payment of a certain amount, or rebooking on another flight. They may also provide additional support, like covering the costs of accommodation and meals.

Note

167 고쇼/Go-show - 18,19,20,23,24년 출제

'고쇼'는 승객이 사전 예약이나 예약 없이 공항에 나타나 곧 출발하는 항공편의 좌석을 확보하기 위해 시도하는 일종의 발권 또는 여행 예약을 의미합니다. 일반적으로 대기 또는 막바지 여행 상황과 관련이 있습니다. 노쇼의 반대이며, 국제선에서는 매우 드문 경우지만 많은 항공편을 운항하고 있는 국내선에서는 빈번하게 이루어지고 있습니다.

The term 'go-show' (a.k.a. standby passenger) refers to a type of ticketing or travel arrangement where a passenger can arrive at the airport without a prior reservation or booking and attempt to get a seat on a flight departing soon. It is typically associated with a standby or last-minute travel situation. It's the opposite of a no-show and is very rare on international flights but common on domestic airlines that operate many flights.

168 노쇼/No-show - 18,19,20,23,24년 출제

항공편과 관련하여 '노쇼'는 항공편을 예약 또는 예약한 승객이 사전에 취소하거나 항공사에 알리지 않고 항공편에 나타나지 않는 상황을 말합니다. 즉, 노쇼는 승객이 예정대로 공항에 도착하지 않거나 항공편에 탑승하지 않을 때 발생합니다. 이 용어는 이제 항공권뿐만 아니라 레스토랑, 여행 서비스 등 다양한 여행 영역에서 사용되고 있습니다.

The term 'no-show' refers to a passenger who has made a reservation or booked a flight and fails to attend the flight without canceling or notifying the airline in advance. In other words, a no-show occurs when a passenger doesn't arrive at the airport or board the flight as scheduled. The term is now being used in various travel areas, including restaurants and travel services, not just airline tickets.

Note

169 시티투어버스/City tour Bus - 16,17,19,22,24년 출제

정의 시티투어버스는 버스를 이용하여 관광객에게 시내 관광지를 정기적으로 순회하면서 관광할 수 있도록 하는 프로그램으로 지역에서 가장 인기 있는 관광지를 방문하는 투어입니다.

장점 관광객은 관광 명소에서 하차하여 주변을 관광하고 버스 일정에 따라 다음 버스를 타면 여행을 계속할 수 있고, 각 버스에는 다양한 언어의 개인 음성 안내 시스템이 장착되어 있어 승객이 관광 명소에 대한 정보를 들을 수 있습니다. 티켓 한 장으로 버스를 탈 수 있어 처음 방문하는 지역의 주요 명소를 가장 저렴하게 둘러볼 수 있는 방법 중 하나입니다.

현황 서울시티투어버스의 경우 테마에 따라 다양한 노선을 운행하는데 2025년 3월 현재는 인기 관광지를 순환하는 도심고궁남산 코스, 한강을 따라 야경을 볼 수 있는 야경코스 등 2개 코스가 운영 중에 있습니다.

정의 A city tour bus is a program that uses buses to provide tourists with a regular tour of the city attractions, visiting the most popular tourist attractions in the area.

장점 Tourists can get off at a tourist attraction, tour around, and catch the next bus according to the bus schedule to continue their journey. Each bus has a personalized voice guide system in various languages, so passengers can hear about tourist attractions. Tourists can ride the bus with a single ticket, making it one of the cheapest ways to see the main attractions in a region you're visiting for the first time.

현황 In the case of the Seoul City Tour Bus, it operates various routes depending on the theme. As of 2025, there are two courses in operation: the Downtown Palace Namsan Course, which go around popular tourist spots in the city center, and the Night View Course, where you can see the night view along the Hangang River.

※ 면접시험을 준비하는 지역의 시티투어버스의 내용을 확인해 답변을 구성해 보시기 바랍니다.

Note

관광의 종류

이렇게 준비하세요!

- 면접시험에 가장 많이 출제되는 부분으로 준비를 잘 해야 합니다.
- 구성) 정의 ▶ 특징 ▶ 예시의 순서로 구성합니다.
  - » **정의:** 패턴 문장 가능(00관광은 관광의 한 종류로 ~~ 활동을 목적으로 합니다. 등)
  - » **예시:** 한국에서 해당 여행을 체험할 수 있는 장소

170 생태 관광/Eco Tourism - 매년 출제

정의 생태관광이란 습지보호지역, 생태・경관보전지역 등 환경적으로 보전 가치가 있고 생태계 보호의 중요성을 체험・교육할 수 있는 자연 친화적인 관광입니다.

특징 생태관광을 통해 지역의 자연과 문화의 보전에 기여하고, 지역주민의 삶의 질을 향상시키며 참여자가 환경의 소중함을 느낄 수 있어 최근 내외국인 관광객에게 각광받고 있는 관광 중 하나입니다.

예시 환경부는 전국 35개 지역을 '생태관광지역'으로 지정하고 관리하고 있습니다. 국내의 대표적인 생태관광지역으로는 양구 DMZ, 창녕 우포늪, 울산 태화강, 고창 고인돌·운곡습지, 순천 순천만 등이 지정되었습니다.

정의 Ecotourism refers to nature-friendly tourism in areas with significant environmental conservation value, such as protected wetlands and ecological and scenic conservation areas. It provides opportunities for people to experience and learn about the importance of protecting ecosystems.

특징 Ecotourism contributes to the preservation of local nature and culture, improves the life quality of residents, and enables participants to feel the importance of the environment, making it one of the most popular types of tourism among domestic and international visitors.

예시 The Ministry of Environment has designated and manages 35 regions nationwide as 'Ecotourism Areas.' Notable ecotourism areas in Korea include Yanggu DMZ, Changnyeong Upo Wetland, Ulsan Taehwa River, Gochang Dolmen and Ungok Wetland, and Suncheon Bay in Suncheon.

※ 생태・경관보전지역은 매년 변경될 수 있으니 해당 연도의 자료를 확인하셔서 답변을 준비하시기 바랍니다.

171 특수목적관광/SIT - Special Interest Tourism - 16,17,18,20년 출제

정의 특수목적관광이란 특별한 관심분야와 관련된 여행으로 단순한 관광의 형태를 넘어서 여행지에서의 구체적 관광의 목적과 활동을 설정하고 실시하는 관광을 의미합니다.

특징 특수목적관광은 특정한 관심사나 활동에 중점을 둔다는 점에서 독특하며, 사람들이 개인적인 관심사나 열정을 탐구하고 경험하는 데 초점을 맞춥니다. 여행상품을 보더라도 SIT 여행상품의 형태가 많이 나타나 있으며 예술, 와인, 골프, 의료, 공정 여행 등이 이에 해당합니다.

특수 목적 관광은 관광지의 매력을 최대한으로 활용하고, 관광자들의 다양한 욕구와 관심사를 충족시키기 위해 계획되고 개발됩니다. 이를 통해 관광 수요의 다각화와 국제 관광 시장의 경쟁력을 강화할 수 있으며, 지역사회와 경제에도 긍정적인 영향을 줄 수 있습니다.

정의 Special interest tourism is defined as traveling with a specific purpose or a special interest rather than just a regular trip.

특징 Special interest tourism is unique because it focuses on a specific interest or activity, allowing people to explore and experience their interests or passions. There are many different programs for SIT, including art, wine, golf, medical, and fair travel.

SIT is planned and developed to maximize a destination's attractiveness and meet tourists' diverse needs and interests. It can help diversify tourism demand, enhance the competitiveness of international tourism markets, and positively impact local communities and economies.

Note

172 다크 투어리즘(역사교훈 여행)/Dark Tourism - 17,18,20,22,24년 출제

정의 다크 투어리즘은 휴양과 관광을 위한 일반 여행과 달리 **역사적으로 재난, 테러 혹은 비극적인 사건**이 일어났던 곳과 관련 있는 곳들을 여행하며 **반성하고 교훈을 얻는 여행**입니다.

특징 다크 투어리즘은 **교육적, 역사적 통찰력을 제공**하며, 방문객은 해당 장소를 **존중하고 공감하며 사건의 중요성에 대해 깊이 이해하는 자세**로 접근해야 합니다.

예시 국제적으로는 미국 뉴욕 9.11 테러 사건의 그라운드 제로나 원자폭탄이 투하됐던 일본의 히로시마와 나가사키가 있고, **한국에서는** 한국전쟁의 격전지였던 **DMZ**와 일제강점기 독립투사들을 투옥한 **서대문형무소**가 대표적인 장소입니다.

정의 Dark tourism is traveling to places historically associated with **disasters, terrorism, or tragic events** to reflect on and **learn lessons from them.**

특징 Dark tourism can provide **educational and historical insights,** and visitors should approach the sites with **respect, empathy, and a deep understanding** of the significance of the historical events.

특징 Internationally, examples include ground zero of the 911 terrorist attacks in New York City and Hiroshima and Nagasaki in Japan, where the atomic bombs were dropped, and **in Korea,** the **DMZ**, the battlefield of the Korean War, and **Seodaemun Prison,** where independence fighters were imprisoned during the Japanese occupation.

Note

173 안보관광/Security Tourism - 17,18,20,22,23년 출제

정의 안보관광은 **전쟁과 분단의 역사를 지닌 관광자원**을 가지고 관광객들이 분단의 현실을 체험하게 함으로써 **통일과 평화의 소중함을 느끼게 하려는 목적**을 지니고 있습니다.

특징 대한민국은 한국전쟁 이후 남북 분단의 현장인 휴전선이 유지되고 있는 **세계에서 유일한 분단국가로 외국인들에게 안보관광지로 인기가 많습니다.**

예시 대표적인 안보관광지로는 **DMZ, JSA, 전쟁기념관** 등이 있습니다. 특히 DMZ에 위치한 다수의 안보관광지는 **생태관광** 자원으로 활용될 수 있기 때문에 다양한 논의가 필요합니다.

정의 Security tourism aims to make tourists **realize the importance of unification and peace** by allowing them to **experience the reality of division** in a tourist destination **with a war history.**

특징 Korea is the only divided country in the world where the Military Demarcation Line has been maintained since the Korean War, making it a popular security tourism destination for international visitors.

예시 The **DMZ, JSA, and War Memorial Museum** are representative security tourism sites. In particular, many security tourism sites in the DMZ can be utilized as **ecotourism resources,** so various discussions are needed.

※ 안보관광과 다크 투어리즘을 비교하는 문제들도 출제되고 있으니 두 관광의 개념을 정확하게 이해할 수 있도록 정리해 보시기 바랍니다.

Note

174 봉사관광/Voluntourism - 20,22,24년 출제

정의 봉사관광이란 '자원봉사(volunteering)'와 '관광(tourism)'의 합성어로, 자원봉사를 겸하는 형태의 관광활동이라고 할 수 있습니다. 봉사관광은 환경재해를 입은 곳에 가서 자연 복원 활동을 하거나, 멸종 위기에 처한 동물의 구조활동을 하거나, 장애인 재활센터, 푸드뱅크, 농장 등에서 일손을 돕는 동시에 관광도 함께 즐기는 여행입니다.

특징 봉사관광에 참여하는 관광객들은 자발적인 봉사활동을 통해 방문한 곳의 사회와 환경에 실질적인 기여를 함으로써 새로운 자아를 발견하고, 지구촌 곳곳의 삶과 문화를 배우며 보람을 느낄 수 있습니다.

예시 국내에도 자원봉사자협회 등에서 다양한 지역을 위한 다양한 봉사관광이 진행되고 있으며, 최근 일정 장소를 걷거나 달리면서 쓰레기를 줍는 환경 정화 활동인 플로깅이 전국적으로 확산되고 있습니다.

정의 Voluntourism combines the words 'volunteering' and 'tourism.' Voluntourism is a form of **tourism that combines sightseeing with volunteering,** such as **working to restore nature after an environmental disaster, rescuing endangered animals, or helping out at a rehabilitation center, food bank, or farm.**

특징 Voluntourism is a **rewarding way for tourists to learn about life and culture** worldwide while making a **real contribution to the society and environment** of the places they visit.

예시 In Korea, **volunteer tours** for various regions are being organized by volunteer associations, and recently, **plogging and ploving,** an environmental **cleanup activity that involves picking up trash while running or diving** in a certain place, has been **spreading across the country.**

※ 플로깅(Plogging)은 '줍다'라는 뜻의 스웨덴어 플로카 업(plocka upp)과 영어 조깅(Jogging)을 합성한 단어로, 쓰레기를 주우며 조깅하는 행동을 의미

※ 플로빙(Ploving)은 '줍다'라는 뜻의 스웨덴어 플로카 업(plocka upp)과 영어 다이빙(Diving)을 합성한 단어로, 다이빙을 하며 해양 속 쓰레기를 줍는 활동을 의미

175 포상 관광/Incentive tourism - 17,20년 출제

정의 MICE 산업의 하나인 포상 관광은 기업이나 조직에서 자사의 직원이나 고객 등에게 성과나 성공을 인정하고 보상하기 위해 제공되는 특별한 여행 프로그램입니다.

특징 포상 관광은 조직의 성과를 인정하고 독려하기 위해 사용되기 때문에 동기부여를 높이고 긍정적인 성과를 장려합니다. 또한 포상 관광은 일반 관광에 비해 규모가 크고, 주로 고급 여행의 형태로 여행 단가가 높게 책정되기 때문에 관광산업에 큰 이익을 불러일으켜 다양한 형태의 포상 관광을 유치할 필요가 있습니다.

정의 Incentive tourism, a type of MICE industry, is a special travel program a company or organization offers to reward its employees, customers, or others for their performance or success.

특징 It is designed to encourage employee performance, and incentive tourism boosts motivation and positive achievement. Incentive tourism creates significant profits for the tourism industry because it is often larger than regular tourism and has a higher cost of travel as a luxury travel. Therefore, Korea needs to attract various kinds of incentive tourism.

Note

176 영상관광(영화관광)/Film(Movie, Screen) tourism - 20,22년 출제

정의 영상 관광은 관광객이 **영화나 드라마에 나온 관광지를 방문**하는 형태의 관광활동이라고 할 수 있습니다.

특징 영화나 드라마 속 영상을 통해 촬영지에 대한 관심이 증가하고 방문객이 늘어남에 따라 **촬영지가 관광지화** 되면서 **지역 경제 활성화 및 이미지 제고** 등의 효과로 인해 영상관광의 중요성이 증대되고 있습니다.

예시 국내의 대표적인 영상관광지로는 한류 드라마 촬영지인 **한국민속촌, 남이섬, 쁘띠 프랑스**와 K-pop 스타들의 **뮤직비디오 촬영지** 등이 있습니다.

정의 Film tourism is a type of tourism in which **people visit tourist spots that have appeared in movies and dramas.**

특징 Korean films and dramas are gaining popularity around the world. Therefore, as the number of visitors to the filming locations increases, the **filming locations are becoming tourist destinations.** This leads to the effect of **revitalizing the local economy and enhancing the image of the destination.**

예시 Some of Korea's most popular film tourism destinations include **Korean Folk Village, Nami Island, and Petite France,** where Hallyu dramas are filmed, and **music videos filming spots** of K-pop stars.

※ 한류관광지 내 드라마관광지(p143) 와 연계해 대답을 구성해 보시기 바랍니다.

Note

177 산업관광/Technical(Industrial) Tourism - 20,22,23년 출제

정의 산업관광은 사람들이 산업체나 비즈니스 관련 시설을 방문하여, 해당 산업 분야의 활동, 생산과정, 제품, 기술 등을 경험하고 이해하는 목적으로 하는 관광 형태를 의미합니다.

특징 산업관광은 기업 이미지 개선, 마케팅 및 홍보, 비즈니스 협력 등 다양한 이점을 제공할 수 있습니다. 또한, 지역 경제에도 긍정적인 영향을 미칠 수 있으며, 산업체와 지역 사회 간의 상호작용과 이해관계를 증진시킬 수 있습니다.

관통사 역할 산업관광에서 관광통역안내사의 역할은 1) 산업의 배경이나 지역 특성에 대한 정보를 제공하거나 시설 방문 후 2) 해당 지역에 대한 관광 정보를 제공하는 것입니다. 또한 시설 견학 일정을 잡거나 연락을 취하는 등 3) 연락 담당자 역할도 합니다.

예시 한국의 대표적인 산업관광 분야로는 IT, 자동차, 조선소, 중공업 등이 있습니다.

정의 Industrial tourism is a type of travel to a place where people visit industrial or business-related facilities to experience and understand the activities, production processes, products, and technologies.

특징 Industrial tourism can provide various benefits, including improving corporate image, marketing and promotion, and business collaboration. It can also positively impact the local economy, promoting interaction and understanding between industries and local communities.

관통사 역할 The role of a tourist guide in industrial tourism is to 1) provide information about the background of an industry or local characteristics, or to 2) provide tourist information about the area after visiting a facility. They also 3) work as a liaison, such as by scheduling tours of facilities or making contacts.

예시 Typical industrial tourism sectors in Korea include IT, automobiles, shipyards, and heavy industry.

178 실버관광/Silver tourism - 22년 출제

정의 실버관광은 은퇴 후 여유로운 시간과 경제적 여건을 가진 **노년층을 대상으로 하는 관광의 한 유형**으로, 건강, 취미, 문화적 욕구를 충족시킬 수 있는 **맞춤형 관광을 제공**하는 관광을 의미합니다.

특징 한국의 급속한 **인구 고령화**로 인해 고령층의 비율이 증가하고 이에 따라 **고령층의 편의를 고려한 여행 상품**도 함께 증가하고 있습니다. 예를 들어 가격은 다소 비싸지만 직항편을 이용해 이동시간을 최대한 줄이고, 특급호텔에 숙박, 잠자리를 편하게 제공하는 여행 프로그램을 제공합니다. 구매력을 갖춘 실버 여행객들의 수요 증가는 **여행의 고급화**를 이끄는 역할을 하고 있습니다.

예시 대표적인 실버관광으로는 코레일에서 운영하는 **숙박형 관광열차 해랑**(레일크루즈)이나 일반 **크루즈 여행**이 있습니다.

정의 Silver tourism, or senior tourism, refers to a type of tourism **designed for elderly individuals** who have the time and financial resources to travel **after retirement.** It aims to provide **customized experiences** that meet their health, recreational, and cultural needs.

특징 Due to Korea's **rapidly aging population,** the proportion of the silver generation (elderly people) is increasing, and travel products that consider the **convenience of the silver generation** are also growing. For example, they offer travel programs that are a little more expensive but use direct flights to minimize travel time and provide luxury hotels with comfortable accommodations. The growing demand from silver travelers with purchasing power is driving the **upscaling of travel.**

예시 A representative example of silver tourism includes overnight sightseeing trains operated by Korail, such as the **Haerang(Rail Cruise)**, as well as **regular cruise trips.**

179 스포츠관광/Sports tourism -22년 출제

정의 스포츠관광은 스포츠 관련 활동에 참여하거나 관람하기 위해 다른 장소로 여행하는 형태의 관광으로 여행의 즐거움과 스포츠에 대한 열정을 결합하여 최근 몇 년 동안 큰 인기를 얻고 있습니다.

특징 스포츠관광은 스포츠 이벤트를 중심으로 지역 문화를 체험하고, 연령, 성별에 상관없이 누구나 참여할 수 있습니다. 또한, 대규모 스포츠 이벤트는 관광객을 유치하고, 지역 경제를 활성화하는 중요한 역할을 합니다.

예시 월드컵과 올림픽 등 국제경기의 관람, 스키, 골프, 태권도, 사이클, 마라톤 등 대회 참가나 관람 등이 이에 해당합니다. 최근 한국에서는 서핑체험을 위한 강원도 지역으로의 스포츠관광이 활발한 편이고, 게임을 중심으로 한 e-스포츠 역시 많은 외국인 관광객이 한국을 찾는 스포츠 관광자원 중 하나입니다.

정의 Sports tourism is a type of travel that involves traveling to another place to participate in or watch sports-related activities. It has become popular in recent years, combining the joy of traveling with a passion for sports.

특징 Sports tourism allows participants to experience local culture through sports events and is accessible to people of all ages and genders. Additionally, large-scale sports events play a crucial role in attracting tourists and boosting the local economy.

예시 Examples include watching international events such as the World Cup and Olympics and participating in or watching competitions such as skiing, golf, taekwondo, cycling, and marathons. Recently, sports tourism to Gangwon Province for surfing experience has been active in Korea, and e-sports centered on games are also one of the sports tourism resources that many international tourists visit Korea.

180 웰니스관광/Wellness Tourism

정의 웰니스관광은 **개인의 건강과 웰빙을 중요시하는 관광**으로 몸과 마음의 균형을 맞추고 휴식, 재충전, 신체적, 정신적 **안녕을 추구하는 여행**입니다.

특징 웰니스관광은 건강한 식단, 운동, 스파, 명상, 요가, 자연과의 교감, 슬로 트래블 등을 포함한 **다양한 요소를 통해 개인의 웰빙을 증진**시킵니다. 웰니스관광은 **건강과 행복을 추구하는 현대인들에게 매력적인 선택지**로 인기를 얻고 있습니다.

예시 **우리나라의 대표적인 웰니스관광**으로는 홍삼을 활용한 전북 진안의 **진안 홍삼 스파**(뷰티), 체질에 맞는 한방차를 추천하는 서울의 **티 테라피**(한방), 숲에서 다양한 체험을 할 수 있는 강원도 홍천의 **힐리언스 선마을**(명상) 등이 있습니다.

정의 Wellness tourism **emphasizes the personal health and well-being of individuals** and **seeks to** balance the body and mind, relax, recharge, and achieve physical and mental **well-being.**

특징 Wellness tourism promotes well-being **through various factors,** including a healthy diet, exercise, spa, meditation, yoga, communing with nature, and slow travel. Wellness tourism is gaining popularity as an **attractive option for modern people seeking health and happiness.**

예시 **Representative wellness tourism destinations** in Korea include **Jinan Red Ginseng Spa** in Jinan, Jeollabuk-do (beauty), which uses red ginseng; **Tea Therapy** in Seoul (oriental medicine), which recommends herbal teas for different body types; and **Hilliance Zen Village** in Hongcheon, Gangwon-do (meditation), which offers various experiences in the forest.

Note

181 마이스관광/MICE Tourism -16,18,19,21,24년 출제

정의 MICE란 기업회의(Meeting), 인센티브 관광(Incentive Travel), 국제회의(Convention), 전시회(Exhibition)의 영문 첫 알파벳을 딴 것으로 높은 경제적 부가가치를 창출하는 관광 분야 중 하나입니다.

매력 한국은 대부분의 주요 도시에서 쉽게 접근할 수 있으며, 대규모 회의를 위한 우수한 인프라와 최첨단 시설을 갖추고 있습니다. 무엇보다 한국은 세계에서 가장 안전한 국가 중 하나로 대규모 MICE 참가자들이 안심하고 참가할 수 있다는 점도 전 세계 사람들이 한국을 찾는 이유입니다.

효과 MICE 산업을 육성해야 하는 이유는 MICE 관련 관광객의 경우 일반 관광객보다 소비 규모가 클 뿐 아니라 고용 창출 효과가 높고, 국가 이미지 제고 등 경제적 파급효과가 크기 때문입니다. 또한, 마이스 산업은 숙박, 쇼핑, 관광 등 관련 여러 산업과 유기적으로 결합한 고부가가치 산업입니다. 따라서 정부에서도 더 많은 국제행사를 유치하기 위해 노력을 기울이고 있습니다.

위치 국내의 대표적인 컨벤션 센터로는 COEX, BEXCO, EXCO, ICC 등이 있습니다. 한국에서만 즐길 수 있는 독특한 매력을 느낄 수 있는 회의 장소를 '코리아유니크베뉴'라고 하는데 국립중앙박물관, 한국민속촌 등이 있습니다.

정의 MICE, which stands for meeting, incentive travel, convention, and exhibition, is one of the tourism sectors that generates high economic added value.

매력 Korea is easily accessible from most major cities and has excellent infrastructure and cutting-edge facilities for large-scale meetings. On top of that, Korea is one of the safest countries in the world, so people from all over the world come to Korea for MICE events.

효과 The MICE industry should be fostered because MICE-related tourists not only spend more money than other tourists but also create employment and enhance the country's image. In addition, the MICE industry creates high-added value through convergence with other sectors such as accommodation, shopping, and tourism. Therefore, the government is making great efforts to attract more international events.

위치 Convention centers in Korea include COEX, BEXCO, EXCO, and ICC. Conference venues with the unique charms of Korea are called 'Korea Unique Venues', including the National Museum of Korea and Korean Folk Village.

182 국제회의 전문가 PCO/Professional Conference Organizer - 19,22,24년 출제

국제회의 전문가는 갖가지 국제회의와 전시회, 박람회 등을 조직적으로 기획해 운영하고 나아가 사후 관리까지 하는 컨벤션 산업 전문 인력입니다. 국제회의 전문가는 국제회의 유치를 위한 판촉활동은 물론 회의 준비 및 운영 업무, 회계 관리 및 마케팅 등 전반적인 서비스를 주관하고 관리합니다.

PCO를 통해 시간 및 비용 절약과 함께 효과적으로 MICE 행사를 운영할 수 있습니다. 국제회의 산업이 전문화되고 다양해짐에 따라 PCO의 역할은 점점 더 중요해지고 있습니다.

A professional conference organizer **organizes and manages** various international **conferences and exhibitions.** They are **professionals in the convention industry** who plan, operate, and follow up on conventions. They **plan and manage** overall services such as meeting preparation and operation, accounting management, and marketing.

With the PCO, we can run the MICE event **effectively** while **saving time and money.** As the MICE industry becomes more specialized and diverse, PCO is **becoming increasingly important.**

Note

183 의료관광/Medical Tourism - 16,17,18,19,20,21,23,24년 출제

정의 의료관광은 특정 국가 및 지역을 방문해 **암 치료, 치과 치료, 성형 수술, 피부 관리, 건강 검진 등 의료와 관광 활동을 겸하는 것**을 의미합니다.

매력 한국은 **우수한 의료진, 첨단 기술 및 장비**를 **합리적인 가격**에 제공하는 가장 매력적인 의료관광지 중 하나입니다. **K-뷰티의 인기**에 힘입어 뷰티 케어 시장도 전 세계 방문객들의 이목을 끌고 있습니다.

효과 의료관광은 의료관광객이 **장기간 체류**하며 **많은 비용을 지출**하기 **때문에 고부가가치 관광산업**으로 주목받고 있으며 항공, 숙박, 쇼핑 등 **다른 산업과 연계성**이 높아 **경제적 효과**를 창출하는 산업이기도 합니다. 이에 정부는 의료관광 활성화를 위해 다양한 지원 정책을 시행하고 있습니다.

지속방안 의료관광을 더욱 발전시키기 위해서는 양적인 성장보다도 **질적인 성장**에 중점을 두어야 한다고 생각합니다. 먼저, 서울 외 지역에서도 쉽게 이용할 수 있는 **의료 관련 시설을 확충**해야 합니다. 둘째, 인명과 직결될 수 있는 위험 부담이 있기 때문에 국제 의료관광 코디네이터나 의료 통역사와 같은 **전문적인 인력의 육성**이 필요합니다. 셋째로 단순한 의료 상품을 벗어나 다양한 국가의 환자를 유치할 수 있는 **매력적인 의료 상품을 개발**해 점점 늘어나고 있는 고객의 요구에 발맞추어야 한다고 생각합니다.

정의 Medical tourism is the **travel to a place to get medical treatment.** Generally, patients receive various medical treatments, such as **cancer or dental treatment, plastic surgery, skin care, medical screening,** etc.

매력 South Korea is one of the most attractive destinations for medical tourism, offering **excellent medical staff, advanced technology,** and **reasonable prices.** Thanks to the popularity of **K-beauty**, the beauty market is also a major attraction for visitors from around the world.

효과 Medical tourism is attracting much attention as a **high-value-added** tourism industry because medical tourists **spend more time and money** than normal tour programs. It also creates **economic effects** due to its **high connection with other industries** such as flight, accommodation, and shopping. Therefore, the government is implementing various support policies to revitalize medical tourism.

지속방안 To further develop medical tourism, we need to focus on **quality improvement** rather than quantity growth. First, we need to **expand healthcare facilities** that are easily accessible outside of Seoul. Secondly, we should **bring up experts** such as 'Medical Tourism Coordinators' and 'Medical Tourism Interpreters' to provide better and safer medical services and information. Lastly, we need to create more than just simple medical products, but **attractive medical products** that can appeal to patients from different countries.

※ **의료관광은 각 항목별로 별도의 시험문제로 출제되기도 하니 답변을 준비해 보시기 바랍니다.**
ex) 의료관광의 지속방안을 말씀해 보세요, 의료관광의 경제적 효과를 말씀해 보세요 등

184 크루즈관광/Cruise tour - 19,22,23,24년 출제

정의 운송이 목적인 페리와는 달리 크루즈관광은 순수 관광을 목적으로 숙박·식음료·위락시설 등 편의시설을 갖추고 수준 높은 서비스를 제공하면서 비교적 장기간 관광지를 순항하는 관광을 의미합니다. 크루즈관광 상품은 보통 오후 늦게 출항, 이튿날 아침 기항지에 도착해 하루 일정의 관광을 하는 일정으로 짜여 있습니다.

매력 및 상황 삼면이 바다로 둘러싸인 입지조건과 갯벌, 섬 등 풍부한 해양자원과 더불어 크루즈 산업이 발달한 중국과 일본 사이에 위치한 한국의 지정학적 조건은 크루즈 산업 육성과 성장의 가장 큰 자산입니다.

효과 크루즈 시장은 가장 빠르게 성장하는 유망한 고부가가치 관광산업입니다. 크루즈 산업은 호텔 및 리조트의 형태를 중심으로 구성되어 있어 다양한 산업군과 연계된 특수성을 가지며 크루즈와 관련된 재화와 서비스를 통하여 부가가치를 창출하는 융복합형 산업입니다.

활성화 방안 크루즈 산업을 확대하기 위해서는 첫째, 국제 크루즈 선박을 수용할 수 있는 항구 시설의 개선과 확대가 필요합니다. 둘째, 크루즈 선원이나 기술자 등 크루즈와 관련된 다양한 전문 인력을 양성해야 합니다. 마지막으로 한국의 아름다운 자연 경관과 문화적 명소 등을 연계하는 효과적인 마케팅 및 홍보 캠페인이 필요합니다.

현황 현재 한국에는 7개의 주요 기항지(인천, 부산, 제주, 여수, 속초, 서산, 포항)가 있습니다.

정의 Cruise tourism refers to ships designed for sightseeing purposes. Cruise ships are equipped with facilities such as accommodation, dining, and entertainment. It provides high-quality services while travelling to destinations for relatively long periods of time. Cruise tour programs are scheduled to travel from port to port at night and tour the city during the daytime.

매력 South Korea is surrounded by the sea on three sides, and it has rich marine resources such as mudflats and islands. Its geographic location between China and Japan, where the cruise industry is well-developed, is a key advantage for the growth of its cruise industry.

효과 The cruise market is a promising, fastest-growing, and high-value-added tourism industry. Cruise tourism possesses distinct characteristics that are associated with a variety of industries, which creates added value through the goods and services related to cruises.

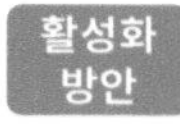 To expand the cruise industry in Korea, first, there is a need for **improvement and expansion of port facilities** accommodating international cruise ships. Second, it is essential to **cultivate various experts** related to cruises, such as cruise crew members and technicians. Lastly, effective **marketing and promotional campaigns** highlighting Korea's beautiful natural landscapes and cultural attractions are necessary.

현황 There are currently **7 ports** in the nationwide **(Incheon, Busan, Jeju, Yeosu, Sokcho, Seosan, Pohang),** and they are the main spots for the international cruise tour.

Note

관광 정책

185 1330/1330 - 18,19,20,24년 출제

1330은 내·외국인 관광객들에게 다양한 **국내 여행 정보를 안내**하는 **전화상담 및 실시간 문자 채팅 서비스**로 **한국관광공사에서 운영**하고 있습니다. 관광안내전화 1330은 한국의 구석구석 여행을 즐기기 위한 유용한 관광정보를 제공하며, **오전 7시부터 24시까지 연중무휴로 운영**되고 있어 언제 어디서든 **여행 중의 곤란함과 여행 준비 상의 어려움을 해소**할 수 있습니다. 뿐만 아니라 외국인 관광객의 언어 불편 해소를 위한 **관광 통역 서비스와 관광 불편 상담도 진행**하고 있으며 한국어는 물론 영어, 일어, 중국어 등 **다양한 언어로도 서비스**되고 있습니다.

1330 is a **tour information hotline and live chat service operated by the Korea Tourism Organization** (KTO) that provides local and international tourists with a **variety of travel information about Korea.** It operates **7 days a week, from 7am to midnight, 24 hours a day,** so travelers can **resolve any difficulties traveling and preparing for the trip.** In addition, it provides **tourist interpretation and counseling services** to resolve language difficulties for international tourists and is available in English, Japanese, Chinese, and more.

※ 2025년 3월 기준 총 8개의 언어(한국어, 영어, 중국어, 일본어, 러시아어, 베트남어, 태국어, 말레이/인도네시아어)로 서비스를 제공하고 있고, 이후 변동 사항이 있을 수 있으니 시험 전 내용을 확인 후 답변을 준비하시기 바랍니다.

Note

186 움직이는 관광안내소/Walking Tourist Information - 18년 출제

정의 움직이는 관광안내소는 빨간 유니폼을 입은 관광통역안내사들이 관광지를 돌아다니며 관광객에게 필요한 정보를 제공하는 관광 안내로, '레드 엔젤'이라는 별칭을 가지고 있습니다.

특징 움직이는 관광안내소는 기존의 수동적인 관광 안내 체계의 한계를 극복하고 능동적인 관광 안내 서비스를 제공할 수 있는 서비스입니다. 움직이는 관광안내소의 관광통역안내사는 외국어를 구사하는 인력으로 구성되어 해당 지역 및 관광지에 대한 안내 및 외래 관광객들의 언어 불편을 해소하고 관광 편의를 제공합니다. 현재 관광객 길 안내, 숙박·음식·문화행사 정보 등, 관광 시 필요한 정보 제공, 외국인 관광객들에 대한 애로 사항 해결 등을 서비스로 제공하고 있습니다.

지역 주요 근무 장소는 내외국인 개별여행객 인기 방문 지역입니다. (명동, 남대문, 시청, 동대문, 북촌, 홍대, 서촌, 고속 터미널, 광장시장 등)

정의 Walking Tourist Information is a service where tour guides wearing red uniforms travel around tourist sites to provide visitors with necessary information. This service is also called "Red Angels."

특징 Walking Tourist Information offers active, on-the-go support. The tour guides help with guidance on local areas and attractions, as well as assisting tourists with any language-related difficulties. Currently, they provide information on directions, accommodation, food, cultural events, and other important travel details, while also resolving any issues that visitors may face.

지역 The main areas of service are popular destinations for both local and international individual travelers, such as Myeongdong, Namdaemun, City Hall, Dongdaemun, Bukchon, Hongdae, Seochon, Express Bus Terminal, and Gwangjang Market etc.

※ 면접에서는 Walking/Moving/Mobile Tourist information 등 다양한 용어로 질문할 수 있으니 이 점 유의하시기 바랍니다.

187 코리아그랜드세일/Korea Grand sale - 17,18,20,22년 출제

코리아그랜드세일은 관광, 한류, 쇼핑이 융합된 **외국인 대상 쇼핑문화 관광축제**로 매년 **1~2월경 개최**됩니다.

외국인 관광객의 쇼핑 활성화를 위하여 항공·교통, 숙박, 쇼핑, 뷰티·건강, 체험 등 **다양한 분야의 할인 혜택**을 비롯하여 다채로운 **K-Culture 체험 콘텐츠를 제공**합니다.

코리아그랜드세일을 통해 외국인 관광객은 한국에서만 만날 수 있는 우수한 상품과 더불어 특색 있는 **한국 문화를 직접 보고 체험해 볼 수 있는 기회**를 제공받을 수 있습니다. 한국은 **쇼핑 관광 활성화**를 위해 코리아그랜드세일과 같은 쇼핑축제를 개발하고 홍보해야 한다고 생각합니다.

The Korea Grand Sale is a **shopping and cultural tourism festival for international tourists.** It is held annually **from January to February** and combines tourism, Hallyu, and shopping.

To encourage international tourists to make purchases, the Korea Grand Sale offers **discounts on various products,** including flights, transportation, accommodation, shopping, beauty, and diverse **K-culture experience content.**

With the Korea Grand Sale, international tourists will **have the opportunity to see and experience Korea's unique culture and great products** that can only be found in Korea. Korea should develop and promote shopping festivals like the Korea Grand Sale **to promote shopping tourism.**

Note

188 코리아세일페스타/Korea sale Festa - 16,22년 출제

코리아세일페스타는 **내외국인 소비 증대 및 내수경제 활성화**를 위해 개최되는 **유통 중심의 쇼핑 할인 행사**로 **매년 가을(11월 전후) 경 개최**됩니다.

코리아 블랙 프라이데이로 불리기도 하는 코리아세일페스타는 전국 전통시장부터 동네 슈퍼마켓, 편의점, 프랜차이즈, 면세점, 대형마트, 백화점, 온라인쇼핑까지 **다양한 장소에서 진행**됩니다.

이를 통해 쇼핑 관광 목적지로서의 **한국 이미지를 제고**하고, 외국인 관광객 유치 증대를 통한 **관광 비수기 타개 및 관광지출 증대를 유도**할 수 있습니다. 한국은 **쇼핑 관광 활성화**를 위해 코리아세일페스타와 같은 쇼핑축제를 개발하고 홍보해야 한다고 생각합니다.

Korea Sale Festa is a **retail-oriented shopping festival** held **annually in the fall** to **boost shopping by both Koreans and international visitors** and **revitalize the domestic economy.**

Also known as **Korea Black Friday,** it is held in **various places,** from traditional markets across the country to local supermarkets, convenience stores, franchises, duty-free shops, hypermarkets, department stores, and online shopping malls.

It aims to **enhance Korea's image** as a shopping destination and **attract more international tourists.** Korea should develop and promote shopping festivals like the Korea Sale Festa **to promote shopping tourism.**

Note

189 면세제도/Tax Free - 16,17,18,19,20,21,23,24년

Korea's Tax-Free System can be largely divided into 'Duty Free', 'Tax Free'.

	사전 면세점	사후 면세점
영어 명칭	Duty Free	Tax Free 또는 Tax Refund
정의	상품 가격에 관세 및 내국세 (부가세·개별소비세·주세·담배소비세) 등 세금이 적용되지 않는 물품 판매	외국인 관광객이 세금이 포함된 가격으로 물품 구매 후, 사후에 출국장 등에서 부가가치세와 개별소비세를 환급
형태	위치에 따라 다름 » 시내 면세점 » 출국장 면세점 » 입국장 면세점	환급 형태에 따라 다름 » 일반 사후 환급 » 즉시 환급
이용자	외국인 내국인(출국 예정자)	외국인 내국인(환급은 불가)
운영사	대형 백화점 체인	일반
한도	(면세 한도) 1인 800불 (별도 면세) 술 2병(2ℓ, 400달러), 담배 1보루(carton), 향수 100mℓ	(일반 사후 환급) 영수증 1건당 최소 1.5만 원 이상 (즉시 환급) 구매 1건당 1.5만~100만 원 미만, 1인당 500만 원까지

사전 면세

사전 면세는 상품 가격에 관세 및 내국세(부가세 • 개별소비세 • 주세 • 담배소비세) 등 세금이 적용되지 않는 물품을 판매하는 것으로 사전에 면세된 상태에서 물품이 판매하는 곳을 “사전 면세점”으로 부르고 주로 롯데, 신라, 신세계 등 대형 백화점 체인에서 운영합니다.

사전 면세점은 설치 위치에 따라 ‘시내 면세점’, ‘출국장 면세점’ 및 ‘입국장 면세점’ 등 3가지 형태로 나누어지고, 외국인 관광객 및 출국 예정 내국인이 이용 가능합니다.

면세한도는 1인 800 불이고, 별도 면세로 술 2병(2ℓ, 400달러 이하), 담배 1보루, 향수 100㎖ 가 포함됩니다.

Duty-Free sells goods exempt from taxes, such as customs duties and national taxes (VAT, individual consumption tax, liquor tax, and tobacco tax). Large department store chains, including Lotte, Silla, and Sinsegye, generally operate duty-free stores.

It is divided into three types, including ‘city duty-free shops,’ ‘departure duty-free shops,’ and ‘arrival duty-free shops,’ depending on the location, and is available to international tourists and Koreans planning to depart the country.

The duty-free limit is $800/person, Additional duty-free items include two bottles of alcohol (2ℓ, $400), one carton of cigarettes, and 100 ㎖ of perfume.

Note

사후 면세

사후 면세는 외국인 여행자가 국내에서 쇼핑을 한 뒤에 해당 국가를 떠날 때, 공항이나 항구에서 구매한 상품에 대해 일정한 세금 혜택을 받을 수 있는 제도를 말합니다.

사후 면세는 환급 형태에 따라 '일반 사후 환급형'과 '즉시 환급형'으로 구분할 수 있습니다.
1) 일반 사후 환급은 외국인 관광객이 출국장 또는 시내 환급 창구에서 영수증(환급 전표)을 제시하여 면세액을 환급받을 수 있습니다.

2016년부터 시행된 2) 즉시 환급 제도는 인증된 면세점에서 면세된 가격으로 구입할 수 있는 일정 한도 내에서 즉시 세금을 환급받을 수 있는 제도입니다. 내외국인 모두 이용 가능하나 세액 환급은 외국인 관광객만 가능합니다.

일반 사후 환급을 받기 위해서는 영수증 1건당 최소 1.5만 원 이상이어야 합니다. 즉시 환급은 구매 1건당 1.5만~100만 원 미만, 1인당 전체 구매금액 500만 원까지 면세가격으로 환급이 가능합니다.

Tax-Free or Tax-Refund refers to a system where visitors can receive certain tax benefits for goods purchased within a country when they depart from that country, typically at airports or seaports.

It is categorized into 'general tax refund' and 'immediate tax refund.' A General Tax-refund can be received by submitting the receipt at the proper tax-refund booth when leaving the country.

Since 2016, tourists can receive an immediate immediate tax-refund within a certain limit when shopping at certified tax-free stores. It is available to international tourists and Koreans, but tax-refunds are only available to international tourists.

Purchases must be more than 15,000 KRW. The immediate tax refund ranges from 15,000 KRW to less than 1 million KRW per purchase, with a total purchase amount of less than 5 million KRW for the entire purchase in Korea.

Note

190 문화 관광 축제/Culture and Tourism Festivals - 16,18,20년 출제

문화 관광축제 문화관광축제는 지역 특산물, 전통문화, 관광자원 등을 활용하여 지역 경제 활성화에 도움이 되는 지역축제 중 문화체육관광부가 선별하여 지정하고 지원하는 우수축제로써 2024-2025 문화관광축제 25개, 명예 축제 20개, 예비 축제 20개 총 65개 가 선정되었습니다. 선정된 축제는 ▷고령대가야축제 ▷한산모시문화제 ▷강릉커피축제 등으로 정부의 지원을 통해 보다 격상된 인프라를 갖추고, 많은 관광객들이 유치해 지역 경제 활성화를 위한 촉매제가 될 것으로 기대합니다.

글로벌 관광축제 글로벌 축제는 잠재력이 있는 축제를 선정하여 세계적인 축제로 성장할 수 있도록 지원하는 제도입니다. 2025년은 3개 축제 ▷인천 펜타포트음악축제(공연예술형) ▷ 수원 화성문화제(전통문화형) ▷ 화천 산천어축제(관광자원특화형)가 각각 선정되었습니다. 문화체육관광부는 음악, 전통문화, 겨울 체험 등 각 축제의 차별화된 매력을 바탕으로 외국인 관광객들이 즐겨 찾는 축제로 발전시킬 계획입니다.

문화 관광축제 Culture and Tourism Festivals are festivals selected, designated, and supported by the Ministry of Culture, Sports, and Tourism (MCST). Festivals help revitalize the local economy by utilizing local specialty products, traditional culture, and tourism resources. Selected festivals will have a more developed infrastructure with government support. In 2024-2025, a total of 65 local festivals were selected, including Goryeong Daegaya Festival, Hansan Mosi Festival, Gangneung Coffee Festival.

글로벌 관광축제 The Global Festival program is designed to select and support festivals with potential, helping them grow into world-renowned events. For 2025, three festivals have been selected: the Incheon Pentaport Rock Festival(Performance Art), the Suwon Hwaseong Cultural Festival(Traditional Culture), and the Hwacheon Sancheoneo Ice Festival(Tourism Resource Specialization). The MCST plans to develop the festival into a favorite among international tourists based on each festival's distinctive charms, including music, traditional culture, and winter experiences.

※ 문화관광축제를 Cultural and Tourism Festival로 번역했으나 Cultural Festival로 사용하셔도 무관합니다.

※ 문화관광축제는 변동 사항이 있을 수 있으니 시험 전 내용을 확인 후 답변을 준비하시기 바랍니다.

191 슬로시티/Slow city - 16,18,19,20,21,22,24년 출제

정의 치타슬로라고도 알려진 슬로시티 운동은 1999년 이탈리아에서 시작된 개념으로 빠르게 돌아가는 현대의 도시 생활에서 벗어나 자연과 일상의 조화를 지향하는 슬로 라이프를 추구하는 국제적인 운동입니다.

특징 및 가입 조건 이 운동은 슬로푸드 운동에서 영감을 받아 지역 전통, 문화, 환경을 보존하면서 주민의 삶의 질을 향상시키는 것을 목표로 합니다. 현재 슬로시티의 가입 조건은 도시와 주변 환경을 고려한 환경 정책 실시 여부, 유기농 식품의 생산과 소비, 전통 음식과 문화 보존 등이 있습니다.

현황 슬로시티 운동은 처음 시작된 이래 이탈리아를 넘어 전 세계 여러 나라의 도시와 마을로 확대되었고, 2025년 현재 한국에서는 15개의 슬로시티가 가입되어 있으며 대표적인 슬로시티로는 완도 청산도, 신안 증도, 담양군, 춘천, 장흥 등이 지정되었습니다.

정의 The Slow Cities movement, also known as Cittaslow, is a concept that began in Italy in 1999. It is an international movement for escaping today's fast-paced urban life and pursuing a slow life, aiming for harmony with nature.

특징 및 가입 조건 Inspired by the slow food movement, it seeks to improve the quality of life for residents while preserving local traditions, culture, and the environment. Currently, the requirements for joining Slow City include implementing an environmental policy that considers the city and its surroundings, producing and consuming organic food, and preserving traditional food and culture.

현황 Since its beginnings, the Slow Cities movement has spread beyond Italy to cities and towns in many countries around the world. Korea has 15 Slow Cities as of 2025, with Cheongsando, Jeungdo, Damyang-gun, Chuncheon, and Jangheung designated as representative Slow Cities.

Note

192 관광두레 - 18,19,21년 출제

정의 관광두레는 2013년부터 추진 중인 **지역 관광 활성화 프로그램**으로 **지역주민**이 자발적 · 협력적으로 **관광사업체를 만들어** 숙박, 식음, 기념품, 여행알선, 체험, 레저, 휴양 등의 관광사업을 **성공적으로 창업하고 자립할 수 있도록 육성하는 프로그램**입니다.

특징 두레는 농촌 마을에서 유래한 마을 주민들 간의 공동 농사일을 뜻하는 전통 단어이며 관광두레는 **'관광'과 '두레'를 조합한 정책사업의 명칭**으로 혜택이 지역 주민에게 돌아가는 **지역 관광 활성화가 관광두레**의 목표입니다. 지역 전문가인 **관광두레 PD**가 주민과 함께 관광사업을 꾸려가는데 주민 조직을 발굴하고 서로 연계해 주면서 사업 모델을 제안하고 지원하는 역할을 합니다.

현황 관광두레는 지역 주민의 **자발적인 참여를 바탕**으로 **지역 고유의 자원을 활용**하면서 **진정한 지역 체험을 제공**하는 것을 목표로 합니다. **2025년 3월 현재 52개 지역의 230여 개** 주민사업체가 관광두레 프로그램으로 운영되고 있습니다.

정의 The Tourism Dure (관광두레) is a **local tourism promotion program** created in 2013 for **residents to voluntarily create tourism businesses** and become self-reliant. Businesses include accommodation, food and drink, souvenirs, travel services, experiences, leisure, and recreation.

특징 'Dure' is a traditional word meaning joint farm work among villagers from rural farming villages. The program's name combines the words **'tourism' and 'dure'** and **aims to revitalize local tourism to benefit residents. Tourism Dure (관광두레) Producers,** who are local experts, are responsible for identifying and connecting local organizations, presenting business models, and supporting them to do tourism business with residents.

현황 A Tourism Dure (관광두레) aims to **provide an authentic local experience** while **utilizing the unique resources of the area** based on the **voluntary participation** of local residents. More than **230 local businesses in 52 regions** operate under the Tourism Dure (관광두레) program **as of March 2025.**

※ 관광두레 선정 지역 및 수치는 변동 사항이 있을 수 있으니 시험 전 내용을 확인 후 답변을 준비하시기 바랍니다.

193 할랄푸드/Halal Food - 18,19,20,21,24년 출제

정의 **할랄**이란 이슬람교에서 사용하는 용어로 **'허용하는'이라는 뜻**을 가지고 있습니다. 할랄푸드란 과일 · 야채 · 곡류 등 모든 식물성 음식과 어류 · 어패류 등의 해산물과 같이 **이슬람 율법 하에서 무슬림이 먹고 쓸 수 있도록 허용된 음식을 총칭**하는 용어입니다. 육류 중에서는 **이슬람식으로 도살된 고기**(주로 염소고기 · 닭고기 · 쇠고기 등), **이를 원료로 한 화장품** 등이 할랄 제품에 해당합니다.

하람 반면 술과 마약류처럼 정신을 흐리게 하는 것, 돼지고기 · 개 · 고양이 등 동물, 자연사했거나 잔인하게 도살된 짐승의 고기 등과 같이 **무슬림에게 금지된 음식을 '하람(Haram)' 푸드**라고 합니다.

관광자원 한류의 영향으로 **무슬림 관광객의 방한율이 높아짐에 따라** 정부에서는 **할랄 인증제**를 실시해 더 많은 무슬림들이 편안하게 식당을 이용할 수 있도록 다각적인 노력을 하고 있습니다. 우리나라에서는 이슬람 중앙성원이 위치한 **이태원**에서 할랄 음식을 맛볼 수 있습니다.

정의 Halal is a term used in Islam, and **in Arabic, 'Halal' means 'permissible.'** Haral food refers to **products allowed for Muslims to eat and use under Islamic law,** such as all plant-based foods like fruits, vegetables, grains, seafood, and marine products. Among meats, halal products include those **slaughtered according to Islamic dietary laws,** typically goat, chicken, and beef, as well as **cosmetics made from such ingredients.**

하람 On the other hand, foods **prohibited for Muslims,** such as addictive substances like alcohol and meat from animals like pigs, dogs, and cats, are **referred to as 'Haram' foods.**

관광자원 Due to the influence of K-culture, the **number of Muslim tourists visiting Korea has increased,** and the Korean government is making restaurants more accessible to Muslims by implementing a **halal certification system. Itaewon** is where you can taste halal food in Korea.

Note

194 오버투어리즘/Over-tourism - 18,19,20,21,22,23,24년 출제

정의 오버투어리즘이란 관광지의 수용 한계를 초과하여 지나치게 많은 여행객들이 들어오며 발생하는 문제들을 의미합니다.

현상 초과된 관광객들로 인해 통행에 지장이 생기거나, 물가가 오르고 소음 피해가 발생하는 것은 물론, 일부 몰지각한 관광객들은 쓰레기를 함부로 버리거나 사유지에 무단 침입하고 사생활을 침해하는 등의 문제를 야기합니다. 오버투어리즘의 가장 큰 문제 중 하나는 관광객으로 인해 임대료가 상승하는 현상입니다.

극복 방안 오버투어리즘을 극복하기 위해서는 첫째, 입장객과 입장시간을 정해 제한하거나 둘째, 입장료를 부과하는 방법 셋째, 개별 관광이 아닌 가이드 동반 투어를 통해 관광객에게 지역주민의 삶을 존중할 수 있도록 알리는 방법 등이 적용되고 있습니다. 정부와 관광객은 지속 가능한 관광지를 만들기 위해 더 많은 책임감을 가져야 합니다.

예시 서울의 북촌한옥마을, 부산의 감천문화마을과 제주도 등 오버투어리즘으로 문제가 되고 있는 관광지가 많아지고 있습니다.

정의 및 현상 Over-tourism is when a destination faces an excessive and unsustainable influx of tourists, negatively impacting the local environment, economy, and quality of life for residents.

현상 Excess tourists cause various problems, including traffic congestion, noise, environmental damage, and interference with privacy. One of the biggest problems with over-tourism is touristrification, where tourists drive up rental costs.

극복 방안 The following methods are being applied to overcome over-tourism:

1) Limiting the number of visitors and hours of entry.
2) Charging an entrance fee.
3) Guided tours rather than individual tours.

Governments and tourists need to take more responsibility for creating sustainable tourism destinations.

예시 There are many tourist destinations where over-tourism has become a problem in Korea, including Bukchon Hanok Village in Seoul, Gamcheon Cultural Village in Busan, and Jeju Island.

195 한국관광품질인증제/Korea Quality - 24년 출제

정의 한국관광품질인증제도는 관광객이 안심하고 이용할 수 있는 관광 서비스의 품질을 국가가 공식적으로 인증하는 제도입니다. 이 제도는 한국 관광 서비스의 표준화와 질적 향상을 통해 관광객의 만족도를 높이고, 한국 관광의 신뢰도를 강화하기 위해 도입되었습니다.

특징 한국관광품질인증제도는 숙박업, 한옥체험업, 외국인 관광 도시민박업, 외국인 관광객 면세판매장 등 네 가지 분야를 대상으로 운영됩니다. (숙박 3개, 쇼핑 1개 분야) 전문가의 평가와 심사를 거쳐 인증된 시설은 '한국관광품질인증(Korea Quality)' 마크를 부여받아 관광객들이 품질이 보장된 서비스를 쉽게 선택할 수 있도록 돕습니다. 이 제도는 관광객들에게 신뢰할 수 있는 여행 경험을 제공할 뿐만 아니라, 한국 관광 산업의 경쟁력을 높이는 데 기여하고 있습니다.

정의 Korea Quality is a system where the government officially certifies the quality of tourism services that visitors can use with comfort. This system was created to standardize and improve the quality of tourism services in Korea, aiming to increase visitor satisfaction and build trust in Korean tourism.

특징 Korea Quality operates in four areas: accommodations, traditional Korean house (hanok) experiences, urban home-stays for international visitors, and duty-free shops. Facilities that pass expert evaluations and reviews are awarded the 'Korea Quality' mark, making it easier for visitors to find reliable, high-quality services. This system not only provides trustworthy travel experiences but also helps enhance the competitiveness of Korea's tourism industry.

Note

196 한국 관광의 특징 - 18,21,23,24년 출제

한국은 다양성과 독특함으로 전 세계적으로 '가고 싶은 관광지'로 손꼽히고 있습니다.

1) **역사 및 문화적 다양성**: 한국은 유구한 역사와 풍부한 문화유산을 보유하고 있습니다. 한국은 세계인이 인정한 유네스코 유산과 냉전의 아픔을 고스란히 보여주는 대표적 안보관광지 DMZ 등 다른 나라에서는 경험할 수 없는 독특한 경험을 안겨줄 수 있습니다.
2) **자연과 도시의 조화**: 한국은 아름다운 자연 경관과 현대적인 도시가 조화롭게 공존하고 있는 것으로 유명합니다. 여행자는 한국의 어디서나 국립공원, 산, 해변, 섬과 같은 자연환경을 즐길 수 있는 동시에 쇼핑, 패션, 첨단 기술 등 도시에서의 편리함을 경험할 수 있습니다.
3) **한류와 K-컬처**: 음악, 드라마, 영화, 패션 등 한국의 대중문화인 한류는 전 세계적으로 인기를 끌고 있습니다. 한류 열풍은 많은 관광객을 한국으로 끌어들이고 있으며, 관련 투어 프로그램과 이벤트는 여행자에게 즐거운 경험을 제공합니다. 또한 한옥, 한복 등 다양한 전통문화에 대한 인기도 높아지고 있습니다.
4) **건강과 웰빙**: 한국에는 템플스테이, 한의학, 현대식 스파 및 온천 등 건강 및 웰니스 관련 시설이 많이 있습니다. 관광객들은 한국의 전통 의료를 체험하거나 몸과 마음을 치유하는 시간을 보낼 수 있습니다.
5) **음식과 식문화**: 한국은 다양하고 맛있는 음식으로 유명합니다. 김치, 불고기, 떡볶이, 비빔밥 등 한국의 대표적인 음식은 관광객들에게 독특한 맛과 다채로운 음식 경험을 제공합니다.
6) **편리한 인프라와 안전**: 한국은 교통, 통신, 숙박 시설 등 효율적이고 발전된 관광 인프라를 갖추고 있습니다. 또한 안전한 여행 환경과 친절한 서비스는 관광객에게 편안하고 안심할 수 있는 여행 경험을 제공합니다.
7) **기술과 관광의 결합**: 높은 기술 수준을 바탕으로 단순한 관광을 넘어 MICE, 의료관광 등 다른 산업들과 융합해 더욱 다양한 한국의 모습을 보여줄 수 있는 기회를 제공합니다.

※ 위의 예시 중 2~3가지 정도를 골라 답변을 구성해 보시기 바랍니다.

※ 기출문제 연관 키워드

#외국인이 한국을 방문해야 하는 이유, #한국이 매력적인 이유

Note

Korea is known worldwide for its **diversity and uniqueness.**

1) **Historical and cultural diversity**: Korea has a long history and a rich cultural property. Korea can offer unique experiences you won't find elsewhere, including world-recognized UNESCO heritage sites and the DMZ.
2) **A blend of nature and cities**: Korea is known for its beautiful natural landscapes and modern cities that coexist in harmony. Travelers can enjoy natural environments such as national parks, mountains, beaches, and islands anywhere in Korea. At the same time, they can experience the convenience of urban life with shopping, fashion, high tech, and more.
3) **Hallyu and K-culture**: The Korean Wave, the popular culture of Korea, including music, dramas, movies, and fashion, is gaining popularity around the world. The Hallyu craze attracts many tourists to Korea, and related tour programs and events provide visitors with an enjoyable experience. There is also a growing interest in traditional Korean cultures, such as Hanok, Hangeul, and Hanbok.
4) **Mindfulness and wellness**: Korea has many health and wellness facilities, including Templestay, Korean medicine, modern spas, and hot springs. Tourists can experience traditional Korean medicine or spend time healing their bodies and minds.
5) **Food and culture**: Korea is known for its diverse and delicious cuisine. Typical Korean dishes such as Kimchi, bulgogi, tteokbokki, and bibimbap offer tourists unique flavors and colorful food experiences.
6) **Convenient infrastructure and safety**: Korea has an efficient and developed tourism infrastructure, including transportation, communication, and accommodation. In addition, the safe travel environment and friendly service provides tourists with a comfortable and reassuring travel experience.
7) **Technology and tourism**: Korea's high level of technology allows tourism to go beyond simple tourism and connects with other industries, such as MICE and medical tourism, to showcase a more diverse Korea.

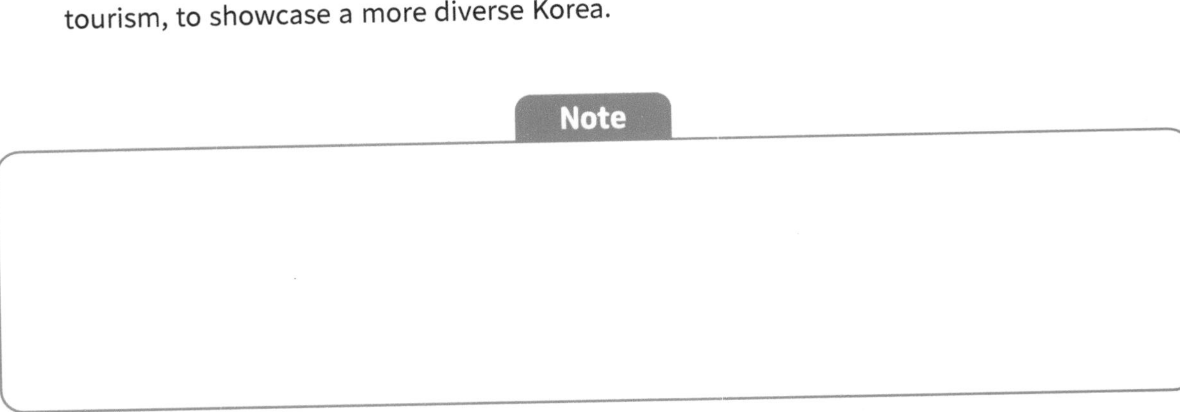

197 관광산업의 효과 - 18,19,20,22,23,24년 출제

서론 관광은 경제, 사회, 문화, 환경에 **다양한 영향**을 미칩니다.

본론 1) **경제적으로** 관광은 수입을 늘리고 고용을 창출하여 경제에 긍정적인 영향을 미칩니다. 관광객의 유입은 호텔, 레스토랑, 교통, 관광 명소 등 다양한 산업에 대한 수요를 증가시켜 지역 내 기업의 일자리를 창출하고, 경제 성장을 이끌어 지역 경제에 긍정적인 파급 효과를 가져올 수 있습니다.

2) **사회적 측면에서도** 관광은 지역 사회 활성화와 문화 교류를 촉진합니다. 관광객이 방문함으로써 해당 지역을 외부로 홍보하고 알리는데 기여하게 되고, 지역민은 본인이 살고 있는 지역에 대한 자긍심이 높아집니다.

3) **문화적 측면에서도** 관광은 문화유산의 보존에 기여합니다. 많은 관광객이 문화유산을 방문하고 체험함으로써 역사와 전통에 대한 이해를 높이고 문화적 가치를 인식합니다.

4) **환경적 측면에서** 관광은 지역 자연환경의 보호와 지속 가능한 발전을 촉진합니다.

결론 관광은 **일자리와 경제 성장을 창출**하는 동시에 **사회적, 문화적, 환경적 영향을 미치는 융복합적 활동**이며, 관광은 지역 주민의 경제적 이익과 사회문화적 발전, 자연환경의 보호와 지속 가능한 발전에 기여합니다.

서론 Tourism has a **variety of impacts** on the economy, society, culture, and environment.

본론 1) **Economically**, tourism positively impacts the economy by increasing revenues and creating job opportunities. Tourism increases demand for various industries, including hotels, restaurants, transportation, and attractions, which creates jobs and economic growth for businesses in the region and can positively affect the local economy.

2) **Socially**, tourism promotes community revitalization and cultural exchange. Tourism helps to promote and publicize the area, and locals feel pride in living in the area.

3) **Culturally**, tourism contributes to the preservation of cultural heritage. By visiting and experiencing cultural heritage sites, many tourists enhance their understanding of history and traditions and recognize cultural values.

4) **Environmentally**, tourism promotes the protection and sustainable development of the local natural environment.

결론 Tourism is an activity that **creates jobs and economic growth** while also having **social, cultural, and environmental impacts.** It contributes to local people's economic benefit, socio-cultural development, and the protection and sustainable development of the natural environment.

198 한국 관광의 문제점과 발전방향 - 18,20,21,22,23,24년 출제

서론 한국은 많은 외국인들이 꼭 방문하고 싶은 나라이자 세계적인 관광지로 성장하고 있지만, **관광 서비스의 질적 개선**이 필요한 상황입니다.

문제점 외국인들의 한국 관광 만족도를 조사한 결과에 따르면, 외국인이 한국을 여행할 때 가장 불편해하는 점으로 **결제 시스템**을 꼽았습니다. 두 번째로는 관광 자원의 불균형으로 **서울, 부산 등 대도시에 관광 자원이 편중**된 점, 마지막으로 관광지에서 외국인에게 부과하는 **바가지요금**이 문제라고 생각합니다.

해결 방안 이러한 문제를 개선하기 위해서는 **스마트 기술을 도입**해 결제를 편리하게 할 수 있도록 시스템을 개선해야 합니다. 또한 **중소도시에 있는 관광지를 개발**하고 **편리한 교통시설을 확보**하는 것도 중요하다고 생각합니다. 마지막으로 외국인에게 부과되는 바가지요금을 근절하기 위해서는 **적극적인 처벌**을 통해 관광객에 대한 국가적 인식을 높이는 것이 중요하다고 생각합니다.

서론 Korea is a must-visit country for many international travelers and is growing as a global destination, but the **quality of tourism services** needs improvement.

문제점 According to tourism statistics, Visitors to Korea find the **payment system** as the most inconvenient aspect of their travel experience. Second, Korean tourism resources are **too centralized in the major cities,** such as Seoul and Busan. Lastly, **overcharging** international tourists is a constant issue that makes people unhappy.

해결 방안 We have to figure these problems out for better tourism circumstances. The payment system should be improved to make it more convenient by **adopting smart technology.** Second, we need to **develop local tour programs** and more **comfortable transportation** to make tourists stay longer in Korea. Lastly, **enhanced penalties for illegal acts and bad practices** are required to improve the nation's recognition of tourism.

Note

199 올림픽, 월드컵 등 스포츠 메가 이벤트가 한국(경제)에 미치는 영향 - 16,18,20,22,23,24년 출제

서론 메가 이벤트는 올림픽, 월드컵, 엑스포 등 대규모 국제 행사를 의미하며, 이러한 이벤트는 개최국에 **경제적, 사회적, 관광적 측면에서 다양한 영향**을 미칩니다.

본론 1) **경제적)** 메가 이벤트는 대규모 **인프라 투자와 일자리 창출**을 통해 개최국의 경제를 활성화시키고, 행사 기간 동안 관광객과 외국인 투자 유치로 인해 **서비스 산업의 수익이 증가**합니다.

2) **사회적)** 메가 이벤트는 국민의 **자부심을 고취시키고, 국가의 결속력을 강화**합니다. 또한 다문화 이해가 증진되고, **글로벌 네트워크를 구축**하는 기회가 됩니다.

3) **관광적)** 메가 이벤트로 인해 **수많은 외국인 관광객이 방문**하게 되며, 이는 **지역 경제에 큰 기여**를 합니다. 또한, 행사 이후에도 **지속적인 관광객 유입**을 기대할 수 있습니다.

결론 예를 들어, **2002년 한일 월드컵, 2018년 평창 동계 올림픽**은 한국의 경제 활성화, 국제적 위상 강화, 그리고 관광 산업의 성장을 이끄는 중요한 전환점이 되었습니다.

서론 Mega events, like the Olympics, World Cup, and Expo, are large international events. These events bring **various impacts on the host country in economic, social, and tourism** aspects.

본론 1) **경제적)** Mega events help boost the host country's economy through large **infrastructure investments and job creation.** During the event, **profits in the service industry grow** due to tourists and foreign investments.

2) **사회적)** Mega events **increase national pride and strengthen unity** among citizens. They also promote multicultural understanding and create opportunities to **build global networks.**

3) **관광적)** Mega events **attract many international tourists,** contributing significantly to the **local economy.** Even after the event, the country can expect a **steady flow of tourists.**

결론 For example, the **2002 Korea-Japan World Cup and the 2018 PyeongChang Winter Olympics** were key moments for Korea, helping boost the economy, enhance its global reputation, and grow the tourism industry.

200 인바운드 관광 유치를 위한 국가적 전략 - 22,23년 출제

서론 관광은 국가 이미지와 경제를 발전시키는 핵심 산업이므로 관광객 유치를 위한 제도 개선 및 기반 시설을 마련하는 데 집중해야 합니다.

본론 1) 대규모 시설 확장) 공항, 공연장, 스포츠 시설 등 관광객 편의를 위한 대규모 인프라 및 시설을 확충해야 합니다.

2) 비자 허가 규제 완화) 전자비자(K-ETA) 시스템 개선 등으로 비자 발급 절차를 간소화하고 비자 면제 국가를 확대해 관광객이 한국을 쉽게 방문하도록 해야 합니다.

3) 대규모 이벤트와 축제 유치) 메가 이벤트, 마이스, 인센티브 관광 등 대형 행사를 유치해야 합니다. 이는 대규모 외국인을 유치할 수 있을 뿐만 아니라 국가 이미지와 경제 활성화에도 기여합니다.

결론 한국은 체계적인 제도 개선과 기반 시설 확충을 통해 관광객 유치를 강화하고, 이를 통해 경제 성장과 국가 이미지를 제고할 수 있습니다.

서론 Tourism is a key industry that develops a country's image and economy, so national strategies should focus on improving policies and building infrastructure to attract tourists.

본론 1) 대규모 시설 확장) Expanding infrastructures and facilities such as airports, concert venues, and sports arenas is necessary to enhance convenience for tourists.

2) 비자 허가 규제 완화) The visa application process should be simplified by improving the e-visa (K-ETA) system and expanding the list of visa-free countries, making it easier for tourists to visit Korea.

3) 대규모 이벤트와 축제 유치) We need to attract large-scale events such as mega events, MICE, and incentive tourism. These events not only help attract a large number of international visitors but also contribute to enhancing the country's image and boosting the economy.

결론 Korea can strengthen tourist attraction through systematic improvements and infrastructure expansion, which will lead to economic growth and enhanced national image.

최신 경향 반영 3개년 기출문제(2022-2024)

Chapter 1. 관광통역안내사 일반

1. 관광통역안내사 지원 동기
2. 관광통역안내사가 되기 위한 노력
3. 관광통역안내사의 매력
4. 관광통역안내사의 자질 및 자격조건
5. 관광통역안내사의 태도
6. 관광통역안내사가 중요한 이유
7. 민간외교관으로 관광통역안내사의 역할
8. 관광통역안내사의 국가관이 중요한 이유
9. 관광통역안내사에게 애국심이 중요한 이유
10. 관광통역안내사가 하지 말아야 하는 행동
11. 관광통역안내사가 직업적으로 어려운 점
12. 관광통역안내사 자격증 취득 후 계획
13. 관광통역안내사로서 외국인에게 감동을 줄 수 있는 방법
14. 관광산업의 변화에 따른 가이드의 역할
15. 관광통역안내사로서의 포부
16. 관광통역안내사 자격증 취득 장단점

Chapter 2. 한국 기본 정보 및 전통문화

17. 역사 관련 국가 공휴일
18. 한국의 역사
19. 신라와 백제의 차이
20. 한국 역사에서 존경하는 인물
21. 훈민정음
22. 한글의 과학성과 한글 관광지
23. 한류와 한류 관광지
24. 외국인에게 추천하고 싶은 한식
25. 한식의 세계화 방안
26. 베지테리안 추천 음식
27. 한옥의 특징과 전통 한옥마을
28. 궁중음식
29. 김치/김치 만드는 법/김장문화
30. 이바지 음식
31. 한국의 전통 명절
32. 십장생
33. 민요
34. 국보와 보물의 차이
35. 사적과 명승의 차이
36. 사물놀이
37. 삼강오륜
38. 아리랑

Chapter 3. 한국의 관광지와 관광자원

39. 유네스코 세계문화유산 소개
40. 종묘와 종묘제례악
41. 불국사/석굴암/석가탑과 다보탑
42. 수원화성
43. 경주역사유적지구
44. 안동 하회마을
45. 경복궁 및 5대궁
46. 한양도성/4대문/4소문
47. 북촌한옥마을과 서촌한옥마을
48. 국립중앙박물관
49. DMZ
50. 국립공원
51. 제주도
52. 올레길
53. 독도

Chapter 4. 관광 실무 및 돌발 상황 대처

54. 여권 분실 시 대처방안
55. 공항에서 수하물 or 개인 소지품 분실 시 대처방안
56. 물건 또는 현금 분실 시 대처방안
57. 소매치기당했을 경우 대처방안
58. 한국 음식 못 먹겠다고 하는 경우 대처방안
59. 쇼핑 시 바가지를 당한 손님을 위한 해결 방안
60. 과도한 호객행위로 관광객이 불만을 표시한 경우 대처방안
61. 손님이 뱀에게 물렸을 경우 대처방안
62. 손님이 다치거나 아플 경우 대처방안
63. 지진 발생 시 대처방안
64. 교통사고 발생 시 대처방안
65. 일본의 역사 왜곡을 사실로 알고 있는 관광객 대처방안
66. 미사일 발사 등으로 손님이 불안해하는 경우 대처방안
67. 선택관광을 원하지 않을 경우 대처방안
68. 손님이 개별행동을 하려고 할 경우 대처방안
69. 예정된 관광지 방문을 거부할 경우 대처방안
70. 쇼핑 시 손님이 거부하거나 싫다고 말했을 경우 대처방안
71. 피곤해서 호텔로 돌아가고 싶다는 관광객 대처방안

72. 일부 손님이 지속적으로 시간에 늦거나 지각할 경우 대처방안
73. 일부 관광객이 너무 시끄러울 경우 대처방안
74. 항공기 연착 시 대처방안
75. 항공기 출발 지연 시 대처방안
76. 호텔 객실이 잘못 예약되어 있을 경우 대처방안
77. 방문하려고 한 관광지가 문을 닫았을 경우 대처방안
78. 교통 체증으로 비행가 놓쳤을 경우 대처방안
79. 세 곳을 갈 예정이었으나 교통체증으로 두 곳만 갈 수 있는 경우 대처방안
80. 투어를 끝마치지 못했을 경우 대처방안
81. 비가 와서 일정을 다 소화할 수 없을 경우 대처방안
82. 손님을 처음 만났을 때 안내사항
83. 호텔 체크인 시 안내사항
84. 단체 관광객을 안내하기 전 준비 사항
85. 처음 외국인 손님을 만났을 때 맞이하는 방법

Chapter 5. 관광 일반

86. 여행업의 종류
87. 여행사의 업무
88. 패키지와 FIT 관광객을 안내할 때의 차이점
89. 인바운드와 아웃바운드의 차이점
90. 관광특구
91. 스탑오버/레이오버/트랜짓
92. 노쇼, 고쇼, 오버부킹
93. 시티투어버스의 장단점
94. 여권 종류
95. 호텔 룸서비스와 종류
96. 외국인전용유흥음식점업
97. 한국관광품질인증제
98. 생태관광
99. 안보관광
100. 다크 투어리즘
101. 봉사관광
102. 영상관광
103. 산업관광에서 관광통역안내사의 역할
104. 실버관광
105. 스포츠관광
106. 문화관광
107. 마이스관광
108. PCO
109. 의료관광
110. 크루즈관광
111. 1330
112. 코리아그랜드세일과 코리아세일페스타
113. 한국의 면세제도
114. 슬로시티
115. 할랄푸드
116. 오버투어리즘의 정의와 해결 방안
117. 코리아패스
118. 한국을 잘 나타내는 관광 콘텐츠와 외국인에게 추천하고 싶은 관광지
119. 올림픽과 월드컵 같은 스포츠 이벤트가 국가(산업)에 미치는 영향
120. 인바운드 관광객 유치를 위한 국가적 전략 방안
121. 한국 관광의 질을 높이기 위한 방안
122. 4차 산업의 발달이 관광에 미치는 영향
123. 다른 나라와의 문화 차이를 관광통역안내사로 준비해야 하는 부분
124. 한국 쇼핑 투어의 불편한 점
125. 외국인이 한국을 방문해야 하는 이유
126. 한국의 음식 문화가 다른 나라와 다른 점
127. 의료관광과 해외 선진 사례
128. 한류관광과 한류관광이 인바운드에 미치는 영향
129. 인바운드 관광 활성화 방안
130. 관광산업이 굴뚝 없는 산업이라고 불리는 이유
131. 인바운드 관광이 한국에 미치는 영향
132. 관광산업이 한국 경제에 미치는 영향
133. 한국 관광산업의 긍정적 효과와 부정적 효과

2025 최신판 관광통역안내사 영어면접 핵심 기출문제 200

초판 1쇄 발행 2025년 03월 10일
지은이_ 호기헌
펴낸이_ 김동명
펴낸곳_ 도서출판 창조와 지식
디자인_ 고여울
인쇄처_ (주)북모아

출판등록번호_ 제2018-000027호
주소_ 서울특별시 강북구 덕릉로 144
전화_ 1644-1814
팩스_ 02-2275-8577
ISBN 979-11-6003-707-4
정가 22,000원